我曾经是一个男孩，

　　一个女孩，

　　一片灌木丛，

　　一只鸟，

和一条跃出海面的、沉默的鱼。

哲学家的最后一课

朱锐 著

中信出版集团|北京

图书在版编目（CIP）数据

哲学家的最后一课 / 朱锐著. -- 北京：中信出版社，2025.4（2025.8重印）. -- ISBN 978-7-5217-7432-0

I . B821-49

中国国家版本馆 CIP 数据核字第 2025XH5788 号

哲学家的最后一课
著者： 朱锐
出版发行：中信出版集团股份有限公司
（北京市朝阳区东三环北路 27 号嘉铭中心　邮编　100020）
承印者： 河北鹏润印刷有限公司

开本：880mm×1230mm　1/32　印张：6
插页：4　　　　　　　　　　　字数：92 千字
版次：2025 年 4 月第 1 版　　　印次：2025 年 8 月第 7 次印刷
书号：ISBN 978-7-5217-7432-0
定价：49.00 元

版权所有·侵权必究
如有印刷、装订问题，本公司负责调换。
服务热线：400-600-8099
投稿邮箱：author@citicpub.com

目录

导言　朱锐给我的生命教育　刘畅 /5

第一章　为什么哲学家不惧怕死亡 /001
　　我们唯一应该恐惧的是恐惧本身 /004
　　我的死亡"练习" /010
　　灵魂作为"参数" /017

第二章　区分"死"和"死亡" /023
　　死亡是生生不息的来源 /027
　　变成"寄居蟹" /032
　　关于死亡，没有传记，只有小说 /034

第三章　生命图景 /039

　　翼装飞行 /042

　　白霜 /043

　　克里斯蒂娜的世界 /044

　　最后的审判 /047

　　灵魂的交流是最深的慰藉 /049

第四章　我们不理解恐惧，是因为不理解身体 /053

　　最好的人生莫过于拥有一个强健的胃 /056

　　爱是恶心的悬置 /060

　　世界的可能性在身体的舞步中展开 /063

　　死亡是生命的一部分 /067

　　生命的洪流 /070

第五章　活在一去不复返的当下 /073

　　日历时间：作为生命体验的时间 /077

　　事件时间：作为秩序的时间 /081

　　身体时间：鳄鱼之眼 /084

　　破解时间的暴政 /087

第六章　生命的小大之辩 /091

　　反抗吞噬一切的"大" /096

　　生命要比原子大 /099

　　0.12 像素的暗淡蓝点，让宇宙为之闪烁 /101

　　在有限中寻找无限 /107

第七章　拥有生命深处的豁达 /111

　　看到生命完整的价值 /115

　　化作春泥更护花 /117

第八章　对话是最好的告别方式 /127

　　爱是主体的退场 /129

　　读书是最好的捷径 /132

　　在重复性的工作中找到精神的自由 /136

　　人生的意义在于不确定性 /137

　　高欲望、低内耗的人生 /140

后记　我想对你说　朱素梅 /149

导言

朱锐给我的生命教育

要克服的,不是智性上的困难,而是意志上的困难。

——维特根斯坦

朱锐离开我们半年多了,但每逢朋友、师生会面,我们还是会一次又一次地谈起他,有关他的一切也常常延展为谈话的主题,就像书友们反复揣摩他们尚未完全参透的作品。朱锐是怎样做到既对生命饱含热爱与激情,又对死亡全无畏惧的?照普通讲法,难道不是生命有多可贵,死亡就有多可畏吗?为什么在生命最后的时刻,当他平静地、坦然地,甚至是满怀欣喜地面对死亡时,我们感受到的却是他生命活力的怒放?朱锐留给我们的形象蕴含着独特的张力。越是回想,越是体会,其中的张力非但不会消减,反而愈加鲜明。张力中,似乎又蕴藏着一种深度。

你打开的这本小书,是哲学家朱锐在临终前十天中留下的口述。2024年7月12日,朱锐转院到海淀医院的安宁病房。当时,所有治愈性的医疗手段已经不再起效。由于严重的肠梗阻和腹水,他已不能再进食,仅靠输营养液维持生命。医生告知朱锐,癌细胞已经冲破最后的防线,现在,他的生命随时可能走到尽头。时间紧迫,朱锐决定将他对生命与死亡的思考做最后的分享。

"对话是最好的告别方式"。7月15日起,朱锐与年轻记者解亦鸿约定,每天中午11点半,以生命与死亡为题展开对谈。这之后,除有一天间隔,对谈进行了十天。7月25日,对谈结束,朱锐决定终止人工维生手段。8月1日,哲学家朱锐含笑停止了呼吸,终年56岁。

以哲学为志业

我认识朱锐是在他2020年入职中国人民大学后。我们的研究方向相近,志趣相投,常一同开课。课上,他和我"一唱一和",互为评议,课下也会一起吃饭散步。我们聊天的主题离不开两人深爱的哲学。

如果说世界上有两类以哲学为业的人,一类以哲学为职业,另一类以哲学为志业,那么朱锐无疑属于后者。所以,若以前者为标准,朱锐似乎一方面会显得太过闲散,另一方面又显得太过拼命。熟悉朱锐的人都知道,他是个经验丰富的野外探险家。没课的日子,他准会一头扎进深山,享受夜以继日登山徒步的乐趣。朋友若要加入,却多半会被他拒绝。他向我解释过原因:他步伐快,同行的朋友多半跟不上,更重要的是,他要在徒步中进入深度的思考,而成全深度思考的必须是绝对的孤独。他这样描述深夜徒步的场景:朝周遭任何方向极目望去,都是深海般的黑暗,没有一丝人类社会的光影或声息。浓得化不开的夜色,只有手中的平板电脑在他要读些什么或记些什么的时候,亮上那么一下。他的许多得意的奇思妙想,就是在这样没白没黑、孤独而漫长的旅程中形成的。我至今记得,这样讲述时他满是沉醉的神情。我仿佛也被什么打动了,分不清是他澄净的快乐,还是孤勇的胆色。

我相信,被如此打动的肯定不止我一人。事实上,不论朱锐带过的学生,还是我本人,都曾为他的朋友之多而感到惊讶,甚至困惑。朱锐为人很带棱角,甚至用"爱憎分明"形容也不为过。他乐于同学生分享他的人生经验:"一个人应该学会孤独,做一个孤独的思想者。"这样一个人,五湖四海的朋友却那么多,不是很奇怪吗?

让我想通这个问题的,是那年夏天《孤勇者》的流行。事实上,若就一个角度想,一首"孤勇者"的歌却成为街头巷尾的"全民神曲",这事不也一样带着些许古怪吗?发人深省的倒是这一点:真正的勇者必定敢于孤独,乐于孤独,但这并不意味着勇者必定困于孤独,终于孤独。谁说每个人心底没有蛰伏着一个"孤勇者"呢?谁说只有附送上油滑与苟且，我们才能混得开社会，交得上朋友？

学生路文回忆初见朱锐的印象："他的气场如此与众不同，令我驻足回望——他整洁干练、意气风发、爆炸头，咖啡在手，步伐有力……少年般潇洒自信，坚定向前，同时清澈的心始终望向理智的世界。"的确，朱锐的少年心性一向自带感染力。而与其说是身边的人从他那儿沾染了一份热度，分得了一份能量，不如说他的存在像一种感召，是我们心底的那个自由、无畏的"我"，自己唤醒了自己。

以哲学为职业和以哲学为志业，差别何在？我愿说，前者是为人之学，后者是为己之学。假如哲学对于我们首先是一项志业，而不只是一门职业，那就意味着我们首先要响应自己内心的召唤，对切身的思想困境予以清理和整顿，意味着我们的第一要务不再是为别人转运来的技术难题给出像模像样的解答——不再是如何教育别人，而是如何平定自己。因而，也就意味着不论多么艰深的思考，都不再是头脑的苦役，而是心智的解放，意味着我们越是沉入孤独的内心，越会发现在那里，我们达成了更深层的联结与共鸣。

要以哲学为职业，还是志业？虽然我不愿在两端之间厚此薄彼，但平心而论，我仍愿坚定地站在朱锐一方，选择后者。在这一点上，朱锐和我有高度的共识。回想起来，我们的友谊大概就发端于那次哲学作为为己之学的聊天吧。我们两人颇有相见恨晚之感。直到后来，我对朱锐的思想格局有了更全面的了解，才发现在这个路向上，他要走得远为坚决，远为彻底。他的兴趣从不受制于学科建制的限定，从先秦到古希腊，从古典到现代，从认知科学到当代艺术，从形而上学到神经美学，他在不同的思想领域自由驰骋。他的英文诗发表在哲学顶刊上，打破了哲学期刊不发诗作的成规，而他在诗中探讨的是柏拉图的"技术"理论。朱锐的存在，让我领略了在今天的学院哲学中已经相当罕见的东西：丰沛、灵动的感性与生命力的交响。他像一面镜子，迫使我从更深处检视自己：我究竟在为什么而思考？在为什么而表达？什么才是值得我们倾尽全力的方向？是鄙视链上已取得标准化认证的高位,还是不拘一格的启发与洞见?

为什么要思考死亡与恐惧

2022年夏,朱锐意外查出直肠癌,且已是晚期。但这不曾伤及他的锐气与活力,一轮轮放化疗的间隙,朱锐选择重返讲台。按他的话说,他不能接受"活着就只是为了活着"。我们要怎样理解恐惧?怎样面对恐惧?怎样基于对死亡与恐惧的思考,更好地理解生命?这一组对我们每个人都极切身的话题,构成了他确诊后开设课程的核心主题。我有幸全程参与了课程。今天,感谢解亦鸿和中信出版集团编辑陈紫陌的工作,让这部分课程内容有机地融入这本书,与最后十日的对谈一道,合成了一个水乳交融的整体。

上面我断言,这是一组"对我们每个人都极切身"的话题。我所说的"每个人"包括所有年轻人、所有健康的人,以及对哲学不曾产生过丝毫兴趣的人。我这么说是否太武断了？假若你年纪正轻、没病没灾、身心健康、无忧无虑，又为什么要费心去思考死亡与恐惧呢？

对此，我想最简单的回答是：因为你已经在关心，已经在思考了。与其他生物相比，人类的一个突出特征恰恰在于：我们是唯一能在观念层面理解、思考并恐惧死亡的生物。

所有生命都有求生避死的本能，但朱锐提示我们，动物的恐惧是应激性的，只有人才具有前瞻性的恐惧。动物只对具象的、物质层面的现象起反应。科学家身上不小心粘了宠物猫的毛，导致小鼠实验的结果全部无效，因为猫毛激发了小鼠的恐惧。人类却会对存在于抽象的、观念层面的事物感兴趣，并因此受到伤害。冬暖夏凉的空调房里，物理意义上绝对安全的生存环境中，人类个体却在为最近的裁员传闻寝食难安，在执掌"生杀大权"的老板面前，打工人噤若寒蝉。为了将来的"生存"与"饭碗"，年轻学子奋力内卷，甚至陷入焦虑……显然，一方面，这里所谓的"生存"或"毁灭"只有在足够概念化、观念化的层面才能被理解；另一方面，其与生物学意义的生死并非全无关联，哪怕是以一种相当迂回、遥远的方式。无论如何，这类蔓延于观念层面的死亡恐惧，正在以不容小觑的深度和广度形塑着我们每个人的生活。

朱锐引入了一个更为鲜明的区分："死"（dying）和"死亡"（death）的不同。死是生命体在生命的最后阶段所经历的一个过程，死亡则是整个生命过程的终点。死的过程可能是痛苦而漫长的。与之对照，任何生命体都不可能在实质的意义上体验死亡、感受死亡。理由很简单：当生命体有感受能力时，死亡尚未降临；而当死亡降临时，那个可能感受些什么的生命体已经消失。

这是一个微妙且富有启发性的区分。由此，我们可以更清晰地看到人与其他动物的不同。动物只对"死"有恐惧，对看不见、摸不着的"死亡"，动物则既不理解也不恐惧——那是唯有人类才恐惧的对象。尽管打工人爱把自己比作牛马，现实的牛马却不会为尚未真实到来的死亡威胁操心。狮子啃食捕获的斑马，而不远处，斑马群正在悠闲地吃草。相较之下，人才是遭受死亡恐惧的困扰最频繁、最深切的生物。怎样面对死亡，怎样面对死亡带来的恐惧，因而成为我们不只在死到临头才需要思考的课题。

死与死亡的区分也许给你一种印象——死亡是人臆想出来的、子虚乌有的。这却不是朱老师或我的意思。对死亡的认知与恐惧存在于人的观念层面，但这不意味着观念层面的存在就一定不够真实、不够现实。恰恰相反，人本来就是观念的动物。一个人活在什么样的观念中，很大程度上决定了这个人活在什么样的现实中。

我们今天的观念生活正面临一种撕裂。一方面，我们活得越来越观念化，我们降生在早教包里，吃喝在配料表上，挣扎在鄙视链中；另一方面，我们的自我观念越来越牛马化。我们哀叹生存不易，把生活自嘲为挣口饭吃，把社会设想为食物链的丛林。

人生的真相却是在生命的绝大多数时间，我们逃离的不是死亡，而是对死亡的恐惧。若以动物的视角看，这无疑是件不可思议的事。稳居食物链顶端，并无性命之虞的人类，为什么要陷入如此漫长持久的死亡恐惧呢？

生而为人，我们先得好好活着——这是我们的现实。但生而为人，我们对"好好活着"已有太多超出牛马的认知和期待——这也是我们的现实。我们不只活在求生的赛道上，还活在对生命的自我理解中。正是在这个层面，对死亡的关切与对生命的关切以你中有我、我中有你的方式纠缠在一起，共同构成了我们生命感受的核心。在这个意义上，生命观就是死亡观，生命哲学就是死亡哲学。

古训有言：未知生，焉知死。这当然不错，但在观念反思的意义上，我们大概也一样可以说：未知死，焉知生。

死亡恐惧的陷阱

2024年春,是朱锐为我们授课的最后一个学期。他形销骨立,走路需要借助登山杖,体力已很难支撑完整的一堂课,但他的语调依然沉稳,眼神锐利且坚定。课上,他向学生们坦陈了作为癌症晚期患者的病情。他平静地说:"如果有一天我倒在课堂上,大家不要为我悲伤,而要为我开心,为我骄傲。因为哲学家是不惧死亡的。"

哲学家为什么可以不惧死亡?这正是将这本书的内容贯穿起来的那道红线,也是对于课堂上的我们最具分量、最具挑战性的课题。它时而浮出水面,更多时候则沉在水底,隐隐构成其他话题共同指向的核心。像磁石一样把我们聚拢在这个话题之下的,与其说是智性的困惑,不如说是讲台上那个道成肉身的形象。即便理论的褶皱还有待一一熨平,这个强大的形象已经确凿无疑地说服了我们:是的,哲学家就是不惧死亡的。

直到今天,朱锐在讲堂上的身影还时时浮现于我的脑海。

及至情绪的波澜渐趋平静,我从更深处检视自己,才更清晰地意识到,在这个课题上,有待熨平的远不止理论层面的褶皱。我醒悟到,若是将朱锐最后的分享归结为一位临终的智者向世界举行的告别仪式,就会完全错失朱锐的本意。

生命的最后时刻,朱锐关心的仍是怎样呈上更多有益于世界的东西,而不是怎样为自己留下一个潇洒的背影。他期待的不是观摩者,而是同行者、对话者。对一位哲学家的真正尊重,不也应体现在将问题的矛头扎扎实实对向自己吗?平心而论,我又能否做到对死亡无所畏惧?我会真心相信哲学家可以做到这一点吗?又是什么样的顾虑或恐惧让我一再选择延迟直面这个课题?我感到,因为将心比心的灵魂之问,更曲折幽深处的褶皱才开始向我展开,我似乎与朱锐有了更深切的一层共鸣,也更切身地遭遇问题周边的重重陷阱。

哲学家究竟为什么不惧死亡?是因为知道自己来日无多、生命无望,所以明智地放弃了无谓的挣扎吗?并非如此,因为我们所问的本就不是"死期将至的哲学家为什么不惧死亡"。那么,是哲学家作为怀揣"特别教义"的小团体,因为相信了常人所不相信的东西,掌握了常人所不掌握的手段,所以坚信自己可以灵魂不死或长生不老吗?当然也非如此。就像所有哲学命题一样,此处的答案并不预设任何常识之外的信念,而向一切爱思想的头脑开放。换言之,这里所断言的是:只要像哲学家那样去思考、去感受,每个人原则上都有可能破除对死亡的恐惧。

如果将消除恐惧的方式分为两类——一类是消除所恐惧的对象,另一类是消除恐惧本身,那么第二种才是哲学家解决问题的方式。朱锐提示我们:寄希望于长生不老、灵魂不死,无助于我们从根本上消除对死亡的恐惧。通过排除死亡的存在来消除对死亡的恐惧,严格来讲,只是对恐惧的迁就,而不是祛除。

那么,会不会是因为哲学家感到生无可恋,或压根儿认为生是受苦,死是解脱,才不惧死亡的?当然更非如此。

如果问朱锐留给我们的最为鲜明的印象是什么,那一定是他蓬勃的活力和对生命的挚爱。从生活实践到理论主张,朱锐从未意图要对生物共有的求生冲动实施人工切除。一块石头砸下来,正常人得躲,正常的哲学家也得躲。说得直白点儿:哲学家不惧死亡,当然不意味着哲学家就是在有意作死。

绕过这重重陷阱,敏感的你会不会有一种感觉:我们谈来谈去,只是在围绕一个更大的陷阱打转?这个陷阱就是单一的动物性视角,逻辑法则是:求生避死,趋利避害。在生死关系的思考上,这或许是我们最容易陷入的思维定式。由这一视角看,求生就等于避死,珍爱生命就等于恐惧死亡,生命多可爱,死亡就多可怕,"生之欲"和"死之畏"不过是一件事情的两种叫法。只要还被束缚在这一思维惯性上,冥冥之中我们似乎就已经认定,既珍爱生命又不惧死亡的哲学家是不可能的一类存在。于是,与求生避死的动物性生存法则相匹配的人生态度就仅剩一种:贪生怕死的"狗智主义"。

生之欲

跳出这一思维陷阱的方法是我们再追问一步:真正值得我们珍爱的是哪样一种生命?是我们为其主人的生命,还是我们为其奴隶的生命?怎样才算得上更值得一过的人生:"死之畏"在背后驱赶的苦役,还是"生之欲"在前方引领的历险?

这是朱锐借黑泽明的《生之欲》向我们发起的疑问。故事带有悖论式的结构:主人公渡边勘治三十年全勤,却碌碌无为,唯一关心的是怎样保住饭碗。为此,他付出的代价是"从来没有真正活过"。反倒是生命垂危之际,当他奔走努力,为市民排忧解难时,他的生命力才第一次焕发出来。

朱锐反对从"向死而生"的套路解读《生之欲》,我也深以为然。因为我们首要关心的不是一个人死期临近才突然迸发的极端情绪反应,也不是"每一天都是最后一天"的别致生活态度,而毋宁是同每个人息息相关的课题:

我们的生活动力来自何方？是"死之畏"的催逼？还是"生之欲"的召唤？渡边勘治死气沉沉的职场生涯属于前一种，他生命力的勃发属于后一种。二者不像贪生怕死的生存逻辑所断言的那样，不存在任何不同。实际上，渡边勘治"活着就只是为了活着"却"从未真正活过"的职场生涯，奉行的就是这套"狗智主义"的生活态度。难怪年轻的同事给渡边勘治起了这样的绰号——"木乃伊"。

狗并不是"狗智主义者"。动物只是循着自己的天然本能生存而已。但人不是动物，至少不只是动物。人的生活也不只意味着求生。贪生怕死的单一关切不会自动激发人的生命渴望，所催生的倒更可能是纯纯的死亡恐惧。要让人生灌注勇气和活力，我们就得在"活着"之外，为自己的生命立下值得一过的理由。不再单单为活而活时，我们才有机会做回生命的主人。唤醒渡边勘治生命活力的，与其说是死期临近的事实，不如说就是这样一股真真切切活一场的热望本身。

恐惧驱动的奔跑没有属于自己的方向。恐惧在延续生命的同时，没有为生命注入意义与价值。我们若要好好活着，便有此一问：怎样摆脱恐惧的绑架？在这个意义上，诚如朱锐所强调的——唯一应当恐惧的正是恐惧本身。

战胜恐惧的力量来自与贪生怕死相反的方向。人们唤它"精神力量"。这当然不等于就要预设独立于肉身的神秘实体。按朱锐的说法，精神也好，灵魂也好，对我们只是一个"参数"。但它是非常重要的参数，就像我们用以丈量生命质量的"经纬线"。假如一类生物的行为表现只与生存竞争相关，我们就很难感受它的精神力量。相反，生命活力越是聚拢向超脱于单纯求生避死的维度，就越带有精神性的特征。不畏死亡、在冰原上奋力奔跑的雪橇犬"多哥"，遭遇伤病却永不服输的小个子赛马"海饼干"，都会让我们感到这一力量的存在。同样的劲头儿也体现在所有元气满满、神采奕奕的小动物身上。如果说恐惧的力量表现为机巧、油滑、挟制，那么精神的力量指向的就是凝聚、纯净、成形。

人类之外的动物不思考生命意义的问题。作为观念性的动物,我们的生命感受却不可能不与对生命价值、意义的感受联系在一起。我们不只忙于生存竞争,而是还在想象未知,找寻自我,探索能力的边界,追问活着的意义……不论如此这般林林总总的关切能否尽数折算为我们生存竞争上的优势。这没有让我们的生理寿命实现等比例延长,却开放了一个观念性理解与反思的空间。在这个新生的空间,我的关切延展到哪里,我的世界敞开到哪里,我的生命就生长到哪里。在这个任由精神力量生长的世界,动物性的"我"越小,精神性的"我"就越大。

属人的精神力量更多体现在观念性的维度。我想,朱锐的存在就是最好的例证。在他身上,"生之欲"有多强烈,"死之畏"就有多罕见。摄人心魄的精神活力既体现在那个健步如飞、英气逼人的朱锐身上,也体现在形销骨立,但依然保持幽默与优雅的朱锐身上——非但不打折扣,而且格外彰显。

哲学家致力于观念系统的整顿，通过改造观念，来改造观念所改造的现实。哲学家不能改变生命终有一死，不能推迟死亡的到来，但可以让死亡变得不再可怕。一切动物共有的畏死本能，我们无法根本克服，也根本无须克服。但对"死亡"本身的恐惧，却可以因观念而起，因观念而息。在这本书中，朱锐要带我们一起挑战的，就是克服作为观念动物的我们所独有的这份恐惧。一位哲学家的精神力量会将他的生命托举向怎样自由、无畏的高度，他的哲学又会让他的精神自我如何毫发无伤地保存至生命的最后一刻？这本书是一份记录，也是一个证明。

这是朱锐带给我的生命教育。真正的生命教育必须得到生命力自身的见证。作为真正的哲学家，朱锐以道成肉身的方式证明了：死亡可以夺去他的生命，但无法夺去生命的力量和尊严。

刘畅

中国人民大学哲学院副教授

第一章

为什么哲学家不惧怕死亡

生死问题是哲学最大的问题。

我们唯一应该恐惧的是恐惧本身。

2024年7月的一天上午，医生告诉我，我的癌症治疗走到了终点。不是因为痊愈，而是我的生命只剩个把月的时间，没有更多医疗手段可以让我变得更好了。那时，距离最初被确诊为直肠癌晚期，已经过去快两年。

生死问题是哲学最大的问题，而我又恰好处于这样的生命历程中。我是癌症终末期的患者，按照医生的判断，我随时都可能离开，所以时间很紧迫。也正是这种紧迫感，让我觉得我应该跟大家分享我对死亡和生命的思考，以轻松的方式谈大家一般不愿意谈，但每个人都关心的问题，也算是我走之前对社会的关怀，还有我的爱。

我们唯一应该恐惧的是恐惧本身

我曾在课上跟学生们说"哲学就是练习死亡"，这是苏格拉底的名言。死亡和恐惧是密切相关的，要真正理解这句话，需要仔细思考《斐多篇》和《申辩篇》里面的思想。简单来说，也许可以这样理解：我们唯一应该恐惧的是恐惧本身。在苏格拉底看来，只有这一种恐惧是理性的，即我害怕"恐惧"——我担心自己言行的真正动机是出于某种恐惧，因为我们本不该让恐惧控制自己的言行。除此之外的恐惧基本上都是非理性的。在非理性的恐惧的控制下做出选择，很容易导致悲剧发生。

这里的理性和非理性是什么意思呢？我想谈谈自己亲身经历的变化。我在生命的不同阶段有过不同的恐惧。小时候，大人总给我讲鬼故事，说有一个红人儿走在路上，弄得我那时候很怕遇见鬼。我也害怕过死亡，想象自己被掩埋，一个人在地下，叫天天不应，叫地地不灵。有了孩子以后，我很害怕孩子出事儿，总想保护好他们。我不愿意去看医生，看似是因为去医院很麻烦，实则是担心自己有很严重的病，不敢去。我们往往会找各种理由，掩饰内心的恐惧，正当化我们的行动。表象的动机背后，不过是一种恐惧。这些恐惧都是非理性的。我小时候还很怕血、怕尸体，年纪小，看到类似的场景肯定会害怕，但长大后，偶然看到解剖尸体后讲解人体器官构成的纪录片时，我的第一反应不是害怕，而是感到震撼。震撼于我们的身体具有如此精密的组织结构，震撼于器官之间的配合程度之高，我看到的不再是一团模糊的血肉，而是生命的奇迹和秩序。从恐惧到不恐惧的变化，是理性和知识带给我的。

在《斐多篇》里，苏格拉底讲死亡时提到各种各样的人的偏见和无知，他主要是想说，只有理性才能真正把自我提升到一个更高的境界，实现内心的平静。实际上，后来的斯多葛学派[1]一直到中世纪的基督教的观点，基本都是沿着这个路线发展，通过理性，通过上帝，去追求和获得内心的平静。

我们还可以在《斐多篇》里看到，面对死亡，苏格拉底的言行显得相当快乐，他高尚地面对死亡，视死如归，与朋友和学生热烈地讨论着有关死亡的问题。在法庭上申辩时，苏格拉底也多次明确表示自己根本不惧怕死亡，只关心自己有没有在履行应该尽到的职责。

学习哲学让我逐渐明白了什么是应该惧怕的，以及什么不是。惧怕那些不应该惧怕的事物，就是作茧自缚。

恐惧是构成生命的基本成分，也是生命的基本情绪。我们的各种生命经验、生命体验都与恐惧有着密切的联系，它们紧密地交织成一张网。例如，在电影《杀死一

---

1. 斯多葛学派是古希腊罗马时期的重要哲学流派，其核心观点是幸福在于美德，顺应自然法则，过理性的生活，就可以摆脱激情和恐惧的困扰，获得灵魂的安宁和自由。——编者注

只知更鸟》中,梅科姆镇的居民恐惧着黑人的存在。这种恐惧有其历史背景和社会因素,因为黑人往往都是强壮、高大的,被视为一种"大的他者"(big others)。这种对强大的他者的恐惧实际上是一种投射,是人们将自己的偏见和无知投射到他者之上,将其塑造为恐惧的对象。由此,人们关闭了可能的通路,并在自己和他者之间建立起一面高墙。这种恐惧是封闭性的,排斥他人的,认为"他人即地狱"。极端的爱国主义、民族主义其实都由这种封闭性的恐惧造成,他们利用了人们心里的恐惧,把恐惧作为工具,打压别人,保护自己。在我看来,这是最具社会伤害性的恐惧,对人、对己都是。然而,恐惧也有积极的一面。梅科姆镇的街道古老又破败,空空荡荡,那里的孩子都相信幽灵和鬼怪之说,对挖掘这样的逸事乐此不疲。童年的经验同时由天真烂漫、新奇与恐惧构成,孩子都是以恐惧为基点去探索、认知自己害怕的东西,这是童年的恐惧,一种积极的、探索性的恐惧。儿童的恐惧既是真实的,也是快乐的,他们在恐惧中探索着未知的世界。

我们对"死亡"的恐惧是理性的，还是非理性的？这个问题更加复杂。

动物怕死吗？我觉得它们既怕又不怕。动物没有"死"的概念，它们怕的是危险，比如猫怕水，老鼠怕猫。当危险或者危险的信号出现，动物会产生条件反射，它们自身可能都不清楚自己在害怕什么。

你也可以想象一下，如果危险本身和危险信号都不存在，夏天，空调轻柔地吹着凉风，房间内静悄悄的，只有空调偶尔传出的轻微的嗡嗡声，你坐在这样一个房间里，感到很安全，也很惬意，你会害怕死亡吗？听上去大概率不会。但人类仍然会害怕死亡，这是人跟其他动物的差别。动物具有应激性的害怕，而人类内心具有前瞻性的恐惧。

曾经有科学家在进入实验室时因衣服上粘了家里宠物猫的毛，导致小鼠实验的结果全部无效。已经有研究表明，啮齿动物对猫等捕食者的气味具有本能的恐惧反应，这种反应由基因调控。猫毛的存在让小鼠感知到了危险信号，令它们感到害怕，从而改变了小鼠的行为。

我们都惧怕"死亡"，这种惧怕事实上是基于我们的无知。比如，我认为自己有灵魂，我认为死后会发生这样或那样的事。但是"认为"是没有答案的，害怕则是一种"僭越"，希腊语叫"hubris"，意思是你在害怕自己实际上不知道的事。这里的"僭越"不是权力意义上的，也不是宗教意义上的，而是知识意义上的。人最大的无知就表现在对死亡的恐惧上，从来不知道、没经历过的东西，为什么恐惧呢？这在逻辑上是一个悖论。

你也许会问，难道不是未知的东西都会让我们感到恐惧吗？

事实是不一定。比如你不会惧怕明天，因为它在很近的未来，有可预测性。但是太空或许会令你恐惧，因为你假装自己知道太空是很可怕的，你装着知道你实际上不知道的事。

所以,所谓练习死亡,正是练习摆脱对死亡的恐惧。

我的死亡"练习"

关于死亡,我经受过一定的考验,它们同时也是我的死亡"练习"。

一次,我乘坐的航班颠簸得厉害,看似要坠机。我表现得很冷静,当时我只有一个想法:不要踏着旁边的老头儿和老太太的身体去求生。因为我记得苏格拉底说过,卑鄙比死亡跑得快。如果我不管旁边人的死活,我可以跑得更快,死亡或许赶不上我。所以,我在那时候心里想的是,一定要选择死亡,而不是选择卑鄙。

学哲学以后,我很快便有了一个巨大的追问——人死后,灵魂到底存不存在。

"那些以正确的方式真正献身于哲学的人实际上就是在自

愿为死亡做准备，如果这样说是对的，那么他们实际上终生都在期待死亡。"[1] 苏格拉底提到，死亡不过是灵魂从身体中脱离出来，实现灵肉分离的状态，摒弃身体的快乐，把全部注意力放在获得知识的快乐上。对严肃的哲学家来说，身体从各个方面都对追寻知识和真理造成了妨碍，比如，身体总是以各种各样的方式介入我们对真理的研究：饿了要吃饭，困了要睡觉；身体欲望的诱惑引起对财富的争夺，引发战争；身体还会有恐惧感，恐惧是阻碍我们迈向真理的一大因素。苏格拉底如是反问："哲学家的事业完全就在于使灵魂从身体中解脱和分离出来，不是吗？"

苏格拉底认为，死亡并不是终结，而是灵魂从身体的羁绊中解放出来，进入一个更加纯净、接近真理的状态。所以说哲学家追求智慧、追求真理，就是在追求死亡、练习死亡。以这样一种状态进入死亡，当然是不会恐惧的，而是快乐的。

---

1. 本书中对于苏格拉底言说的引用均引自《柏拉图全集》。丛书于2002年由人民文学出版社出版。——编者注

从我的角度来说，如果灵魂存在，死亡就更没什么可怕的了，只是换个方式去活，可能还更加自由。我听过很多有关"鬼"的故事，但我不相信道听途说，我要亲眼见到"鬼"，才有可能告诉人们，我虽然没有从理论上解决这个千古谜题，但是从实践上解决了。主动去找"鬼"是从刚学哲学的时候就开始的，可我从来没有找到过，所以对这种无形的妖魔鬼怪，就再也没有任何恐惧感了。

在美国教书的时候，我的学校附近有一栋老楼，原来是私人豪宅，里面有四五十个房间，铺的都是金贵的地毯，墙上挂着19世纪的画作。后来，那栋房子归学校所有，但一直空着，人们都怕在里面遇到"鬼"。学校里的老师大多也都相信它会闹鬼，说得"有鼻子有眼儿"，说有一个大人鬼，还有一个小孩鬼，连警察晚上也不敢去巡防。

我向学校申请租下这栋房子住了进去，一个人孤零零地住在一栋有100多年历史的老宅子里，周围被树木环绕。前面一两天，我确实听见了走路的声音。我很兴奋，以为有鬼来了，实际上查看后发现是木头热胀冷缩发出的声音。一旦习惯了那些声音，就会忽略它们的存在，一切又回归平静。

大概一个月后，我突发奇想，想到《闪灵》那部电影里面有两个小孩的鬼魂出现在楼道里，我想也许我应该到楼道去等鬼。我凌晨两三点爬起来，坐在沙发上，注视着楼道，但整晚一无所获。我在这栋老宅里住了五年，没有任何事发生，更没有鬼。

一次在香港爬山时，晚上8点多，天就黑透了，于是我决定找一个旅馆先住下来。我路过一座很高的房子，里面没人，敲门也没人应，退后几步才发现牌子上写着"歌连臣角火葬场"，我竟然走到焚尸楼前面了。我当时挺惊奇的，没想到这里还有这样的地方，后来一查，才知道歌连臣角火葬场是一个非常有名的火葬场，也是很多香港知名艺人火化的地方。

我不是胆大，我从小就很胆小，但是通过理智的训练，我开始能分辨出什么东西是想象的，什么东西是事实的。

这和我小时候怕"鬼"的情绪是一种巨大的反差。

除了寻找"鬼",我还是一个对野外求生有强烈兴趣的人,因而有过数次遇险的经历。

有一年,我在冰岛独自爬山。那是10月,山上异常寒冷,但我喜欢那种孤身一人攀爬的感觉。直到大雾起来,我迷路了。山里最大的危险不是遇到野生动物,不是摔下山崖,而是迷路。很快,由于地滑,我摔倒了,滚到一个河沟里,我当时特别开心,因为我知道河水会引我下山。

还有一次,我在一个原始生态区徒步,那里几乎没有人可以走的路,还看到一块标注"危险"的警示牌。我想挑战一下,走了进去,但很快就后悔了。枝丫纵横,我只能在其中摸索着穿行,甚至最后只能匍匐前行,直至迷路,根本分不清方向,被困在那儿。天气闷热,还有蛇出没,但是我没有感到恐惧,我只想想办法出去。直到听见海浪声,我循着海浪声爬去,匍匐前进也好,翻越障碍也好，朝着有海浪声的方向走，就能走到海岸。

我在课上跟学生们分享过一张在野外拍摄的照片（见插页图1），绿植交错生长，层层叠叠，看不到路，我问大家："我们人类的大脑是百万年进化而来的，绝大多数时间，它都用来应对在野外遭遇的各种情况。你们能在这张照片里找到路吗？"没有人回答上来。

这要从人脑处理信息的方式说起。简单说来，人脑中处理视觉信号的视皮质分五个模块，分别处理颜色、空间、运动感知等信息。模块处理是人脑化繁为简的基本机制。大千世界，信息量在原则上是无限的。以有限的神经资源在极短的时间内分辨和解读对生命至关重要的信息，唯一的办法就是忽略绝大部分信息较少的载体。

野外经验丰富的"驴友"也许都明白，"路"其实也是一种信息处理模块。它让原本充满信息的原生态变得近乎没有信息。其可循性和可预测性使得我们不必关注每一步的深浅高低，从而让神经系统全神贯注于林中的花斑和静谧世界中的声音（它们代表危险）。人和其他动物的认知都遵循这个模式。大山之中，草木遮天，让人头昏目眩，信息量太大。但登高远望，山川河流，历历在目。其高瞻远瞩的心旷神怡，也正是由背景万千，看不见边缘，无法分辨颜色和运动的生命信息所致。生命从预料之中寻找意外，从必然之中寻找偶然，从已知寻找未知，从不变寻找变，从同寻找异。这是生命的生物意义。

我们的视神经可以通过分辨颜色，建构关于世界的结构。在上文提到的照片中，植被中间有一处阴影，绿色跟绿色之间有区隔，我因此得以判断出在两片绿色之间有一条小路，遂往阴影的方向走去。"遇险的时刻，就是克服对未知的恐惧的时刻。"我一次又一次告诉我的学生。

我的死亡"练习"就是如此，随时准备好面对危机，也总有足够的信心去应对。

人类对死亡的恐惧是概念性的、前瞻性的，有一定的探索性，也有封闭性。最特别的是，我们还有一种对死亡形而上学的恐惧：很多哲学家把死亡当作一种"无"，人一死，也就进入了"无"。

"死亡是种神秘境界"，这莫过于哲学的想象，因为死亡不过是有机物变成无机物。我们死后并非不存在，只是变成无机物埋在地下。但人往往朝天上祈祷，这说明我们看待死亡时总是带有宗教的成分。

如果我们尊重自己是生命的一部分，就不该把自己从食物链中独立出来，幻想自己的主体性是世界唯一的，追求主体的永生或长寿没有意义。我们必须去除幻象，因为我们死后将被动物、细菌分解，事实不过如此。

灵魂作为"参数"

我的病情发展得很快，到了这个阶段，独立完成一件事是不太可能了，所以我想，对话可能是最好的告别方式。

与我对话的是一位 26 岁的年轻人,我们相差整整 30 岁。

> 我们就以聊天的方式,可长可短,你可以提问题,或者我自己提问题。有收获最好,没有收获就算了。不过,我们最好还是谈关于生命和死亡的哲学。

年轻人:我有一个关于"死亡"的问题。我在看《斐多篇》的时候,觉得能从苏格拉底的话里面感受到力量,但是我又觉得他掩盖了一些东西,显得不够真诚。我发现苏格拉底的许多论述都建立在这样一个角度:如果灵魂脱离了身体,我们的思想就会变得更自由、更真诚。他的朋友也对他说,灵魂是否存在都不一定呢。我觉得他的论述对没有信仰的人来说,是很难接受的。

> 你说得很好。但是,苏格拉底的观点中有一层意思是非常重要的,他认为我们都惧怕死亡。而我们惧怕死亡是基于什么?基于我们的无知。我们不知道死亡是什么,我们惧怕一个未知的东西,这在逻辑上是一个悖论。

我们认为自己有灵魂，认为死后会发生这样或那样的事，实际上我们不知道答案。害怕是一种"僭越"，你在做你实际上不知道的事。哲学恰恰是要消除无知，而最大的无知就表现在人对死亡的恐惧上，以前不知道的东西，怎么能让你恐惧呢？所以在苏格拉底看来，这个"僭越"不是权力意义上的，也不是宗教意义上的，而是知识意义上的"僭越"。对于你的问题，我们不能把苏格拉底的不惧死亡归因于他相信宗教，恰恰相反，苏格拉底之所以被判死刑，就是因为他不信城邦的宗教。

因此，所谓练习死亡，就是练习摆脱对死亡的恐惧。

年轻人：但是，难道不是未知的东西都会让我们恐惧吗？

| 不一定。你会恐惧明天吗？

年轻人：不会。

因为明天有可预测性,对不对?但是太空或许会让你感到恐惧。苏格拉底的意思是说,从认知的角度来讲,其实你在装着知道你实际上不知道的事。未知不是坏事,我不害怕未知,它让我保持好奇心,是最令人兴奋的。大部分科学家、哲学家和追求真理的人,都在不断地开拓未知。

庄子也表达过类似的观点,丽姬被迫嫁给晋献公的时候,哭天喊地不想嫁,但是当她在晋国过上美满的生活时,反而后悔当初因离开家乡而哭泣。《齐物论》中的原文是这样的:"丽之姬,艾封人之子也,晋国之始得之也,涕泣沾襟。及其至于王所,与王同筐床,食刍豢,而后悔其泣也。予恶乎知夫死者不悔其始之蕲生乎?"

关于死亡,谁又能知道那些死去的人不后悔自己生前的恋生呢?所以,我们对死亡的恐惧是一种典型的受无知的控制,并且在这种无知的控制之下所做的判断。

年轻人：很多国家的文化和宗教中会相信灵魂的存在，所以我一直在想宗教对于人摆脱对死亡的恐惧到底是不是有益的，或者是一种寻找答案的方式？

> 其实我们不需要通过信仰宗教去相信灵魂，我们都认为，聊天、对话的时候，我们是在讲自己的灵魂，我们也都生活在关于灵魂的神话之中，比如我们会说"做一个灵魂有趣的人"。包括我自己，我明知灵魂是不存在的，但是作为人类，我们总是相信自己也是有某种灵魂的，这里所说的灵魂实际上是一个"参数"。
>
> 我们谈"死亡"的时候总是包括"灵魂"的，它也不是一个特定的社会学概念，它就是人类自古以来给自己创造的"神话"，这种"神话"是摆脱不掉的。
>
> 所以灵魂是否存在与宗教无关，它只是"大众的神话"。

年轻人：我该在多大程度上去相信这个神话？因为我记得，我开始反思这种大众的神话是看到了我妈妈的日记。我外婆去世的时候,我妈妈在日记里写:"我是不相信有灵魂存在的,但是在妈妈去世之后,我希望自己相信世界上有灵魂。"

| 我也不相信灵魂存在,但是在实际思考问题的时候,我们又总是把参数放进来,不是吗?我们不能证明真,也不能证伪,所以说,它是人类自己给自己创造的。

人类是有灵魂的,而草、木、花,是否相信它们有灵魂,那就需要宗教了。一般来说,我们不认为它们有灵魂。小猫、小狗,我们又认为它们可能有灵魂。这种"神话"是以人类为中心、为标准的,越有个体性的东西,越富有人格的东西,我们就把它统称为所谓的"灵魂"。

所以苏格拉底对死亡的定义是灵魂与肉体的分离,而练习死亡就是"追求灵魂的自由":怎样摆脱肉体的羁绊,让灵魂一步步得到解放,追求真理,追求精神自由。

第二章

区分"死"和"死亡"

在生命的末端,我的目标就是能够完成这本书,
帮助大家摆脱对死亡的不必要的恐惧。

被确诊患有直肠癌是在 2022 年秋天,确诊时已是晚期。当时,医生告诉我,我还有 3~5 年的时间。癌症让我一点点失去了身体。

我需要花大量的时间跟疼痛打交道。化疗药物随着血液流经我的全身,从口腔黏膜到食管、胃、小肠、大肠、肛门,这些地方的黏膜全部破裂,这个过程就像吃进一粒米,把它放进嘴里后,这粒米所到的每个地方,你都能感觉到疼痛。

2024年6月中旬，我发现自己有了小肚子，而癌症病人通常会逐渐消瘦。经过一系列检查，医生告诉我，我不是胖了，而是癌细胞攻破了腹膜，生命已经走到尽头，只剩个把月的时间。我的癌症已是治无可治。

内外交困，节奏紊乱，是我当下最大的感受。每天早上7点左右，我需要在家人的搀扶下才能坐起来，只能坐10分钟。如果是身体状况更好一点儿的早上，家人会把我抱到轮椅上，推我到楼下的小花园里晒晒太阳。通常15分钟后，我就有些累了，要赶紧回到病房。

我以前不怎么爱吃饭，现在我彻底不能进食了，反而很怀念那些跟朋友聚餐的场景，一起点菜，聊天。晒太阳时，我看见马路对面有烤鸭店、徽菜馆，只能眼馋。有一天睡前，我在手机里刷到河南面食的视频，馋得不行，晚上就梦到自己吃了碗面条。

我从前最喜欢爬山、徒步，尤其喜欢爬野山。我常独自一人，不知疲倦地爬，从日出爬到日落，直到周围一片黑暗，不剩一点儿光亮。现在，这样的生活自然是绝无可能了。住进安宁病房前，我走路已经相当吃力。那时我的二儿子来北京看望我，为了方便我做腹水的手术，我们住在医院附近的酒店里，我当时最远只能从酒店的卧室走到餐厅。

那阵子，学姐送给我一辆电动轮椅，跟家人出门散步时，我就把轮椅的速度开到最快，冲在前面，像驾驶自己的车一样，谁都追不上。现在，我必须靠家人推轮椅了，行动变得更加有限。但我还是会在轮椅上挂一根登山杖，等电梯时可以戳按键，选楼层。这几乎是我仅有的行动上的自由了。

即便如此，你或许不相信，我仍然认为死亡是件很快乐的事。

死亡是生生不息的来源

"为什么您说死亡是件很快乐的事？我观察到的，或者说发生在我身边的死亡都很痛苦。苏格拉底也说，愉快和痛苦好像是一对冤家，一体两面，总是同时或者前后脚地到来。"年轻人问我。

事实上，这是个很复杂的话题。我其实也感到很挫败，非常被动、无助，非常绝望，但这跟死亡是两层意义。我们首先需要区分"死"和"死亡"，也就是英文中的 dying 和 death。死是个非常痛苦的过程，而死亡是这个过程的终结。从传统上看，我们好像并不怎么关注迈向死亡的过程，反而过多地关注死亡本身，我觉得这有一定的偏颇。

当我们探讨死亡和生命的关系时，常见的观点是"死亡是一个终点"，现在大家也会说它是一个目的地，因为人一生下来就是要死的。也许我们可以这样理解——死亡是生命最伟大的发明，这是史蒂夫·乔布斯在 1995 年接受采访时给出的观点。

基因学中有一种观点认为，我们生存的目的是传递基因。在生物界，很多动物会在诞下下一代后，把自己的身体当作食物贡献出来。例如,产卵后的雌性鲑鱼会在两周内陆续死亡,并成为幼鱼生长的食物来源。

在我看来,死亡是生命的一部分,它并非对生命的否定,而是肯定,是重生。它和永生相对,给了世界一个重生的机会,死亡代表的重生不一定是个人灵魂的重生,而是世界的万象履新。如果这个世界的一切均为永生,那么新生物将永远不会出世,世界将没有空间,充满老旧,这是很可怕的。

"在理解了这一层意义的基础上,我又该如何从死亡中感受到快乐呢?"年轻人问我。

我觉得这是个很好的问题,问到了关键,即我们为什么这么关心死亡。

我们是主体,是单独唯一的个体,而非草木一样"类"的存在,所以我们如此关心死亡。我们总是相信草木可以复生,因为一根草终结消亡后,一片一片的草还会源源不断地生长出来。

其实，人也可以像草木那般回归"类"的存在。如果我们把自己上升到"人类"，我们同样是"生生不息"的：第一个"生"是生命本身，第二个"生"是从死亡中再生。中国人对这方面的理解比较透彻，一个家族的"生生不息"并不依赖个体的长寿或者永生来实现所谓的价值。

"我觉得一个人在一生中能感知到'生生不息'的瞬间是很少的，它听起来还是很遥远。您会在哪些具体的瞬间感受到这种"生生不息"呢？"年轻人问。

这就是为什么有时候我们要追求"无我"。"小我"很难被完全摒弃，而且不一定需要被摒弃，但是我们应该知道，我们并不仅仅是"小我"，从"大我"的角度去看待自己的生命，在这种非常重要但看起来很荒谬的意义上，个体的死亡是对"类"存在的一种贡献。如果能做到这一点，也许我们就会理解为什么死亡是伟大的发明，是"生生不息"的来源，是一件值得庆贺的事。

从死亡中感受到的快乐不是情绪上的快乐，它是一种客观的、值得让我们感到愉悦的事。回到"死亡"和"死"的定义上，对个体来说，可能能够感受到的是死的过程，它还是很痛苦的。

人类在传统的观念里如此关注死亡而非死的一个原因在于我们一直从本质主义的角度去看人，即亚里士多德所说的，"人类是理性的动物"。在《斐多篇》中，人们会觉得苏格拉底这样一个有思想、有人格、有主体性的人的死亡是一种巨大的损失。为了避免这种损失，当代的人们会做各种各样的尝试，比如插管延续生命，推迟死亡的到来。但苏格拉底面对死亡反而非常平静，甚至很愉悦地接受了它。话又说回来，作为生命的一部分，你不接受又能怎样呢？

我们忽视了看人的另外一个角度，我把它叫作"现象人的角度"，将人作为一个现象。本质主义是亚里士多德的说法，即人类是理性的动物。而在现象主义中，人就像斯芬克司之谜所说的一样。

斯芬克司是希腊神话中带翼狮身的女怪,她经常要求过路人猜谜,猜错了就会被杀害。她的谜语是:"什么生物早晨用四条腿走路,中午用两条腿走路,晚上用三条腿走路?"这个谜题的答案是"人"。

三条腿走路是个隐喻:你的身体和心理已经慢慢分开,心智非常成熟,但身体不受支配,变成"寄居蟹",痛苦且漫长。而这才是真正的死。

变成"寄居蟹"

2024年4月,我在中国人民大学春季的哲学课上曾和刘畅老师探讨过"具身性",他提到了寄居蟹的比喻:"当我们聊到'具身性',我们是一只寄居蟹吗?如果我们的具身性是寄居蟹式的,我藏在我的身体里,通过中枢神经、神经元控制大脑,大脑再进一步操纵身体,身体再进一步跟世界发生接触,那我们操控鼠标的时候,是直接操控鼠标,还是先操控我们的手再操控鼠标?"

在那节课上,我还只是一个直肠癌晚期的病人,没到终末期,却也已经无法直接站起来,我要拄着登山杖,一点点操控我的身体、手臂、下肢所有的肌肉,才可以实现"站立"这样一个非常简单的行为。现在,我感到自己彻底变成"寄居蟹"了,每时每刻,我的灵魂都在离身体越来越远。

知道了自己生命的尽头在哪里,对我来说不是一件坏事,反而让我实现一种平静。但当我开始以寄居蟹的形式存在的时候,死这一过程的猛烈程度,它的突如其来,中间所包含的痛苦,这些都是我个人没想到的。化疗产生的副作用,疼痛、脱发、皮炎……甚至在某种程度上增加了我的痛苦。

所以当我们看待死亡时,我们应该区分死和死亡,关注死,而不是过度关注死亡,后者似乎是人类历史上一个很顽固的思维误区。

关于死亡,没有传记,只有小说

年轻人:我记得非常清楚,我还是小学生的时候,以及成为高中生以后,两次被"死亡"这个概念缠绕住了,持续地陷入对这个概念的恐惧。我不明白当时为什么会这样,但是像您说的,我那个时候关注的肯定是死亡,而不是死,因为我当时是很健康的状态,但那段时间,我就是什么都不想做,只想知道死亡到底是什么。

> 我们关注"死亡"有一个逻辑上的悖论,就是我们设想自己还存在,再想象自己的"死亡"。实际上死亡与个人是没有关系的,没有人能够经历死亡,法国的哲学家让-吕克·南希曾说,关于死亡,没有传记,只有小说。死亡没有主体,就像蛹变成蝴蝶一样,它是一种"大化流行",而我们往往是以旁观者的角度去看自己的死亡。

伊壁鸠鲁学派认为,我们恐惧死亡的方式在逻辑上是不一致的,我们设想自己还在那儿,看着自己的尸体被豺狼撕咬，然后想象自己的孩子被遗弃，得不到家的温暖，可这些东西都是一种认真的想象，你不能用第三人称的角度，甚至不能用第一人称的角度看待自己的死亡，那跟"你"没关系，对不对？

年轻人：但有一种不一样的声音反而会认为死亡一定是我才能经历的，没有人可以替我来经历死亡。

| 那是死。死是有主体的、孤独的，没有人能代替。但是死亡是死的过程的终结。死的过程越痛苦，死亡相对来说就是一件更积极的事。因为它是对死的否定，不是对生命的否定，死亡是对生命的肯定。

年轻人：在什么意义上，死亡是对生命的肯定呢？

| 死亡是大化流行，是新陈代谢，新生物得以重生，就像小草，化作春泥更护花。这是在现象学层面理解死亡，同时也是一种事实。如果这个世界上没有

死亡，比如我的癌症，实际上就是癌细胞拒绝死亡，你希望世界充满了癌细胞这样的存在吗？它以个体的永生排斥生命。

年轻人：您会怎么理解海拉细胞呢？美国黑人妇女海瑞塔·拉克斯罹患宫颈癌去世，医生从她的肿瘤上取样，将其命名为海拉细胞，并在实验室中进行培养。海拉细胞成为医学史上最早经人工培养而"永生不死"的细胞。海拉细胞在医学上意义深远，但是这种细胞的永生存在对于人的意义是什么呢？

> 这就是细胞和有机体之间的差别。永生的细胞是意味着生命体的永生，还是意味着生命体无法生存？这是我们应该追问的。因为细胞的新陈代谢是生命得以继续的前提和基础，细胞的死亡是生命每天经历的值得庆贺的事情。

年轻人：海瑞塔的后代对于海拉细胞的存续抱持很复杂的态度。

> 我认为这涉及诸多科学和伦理问题。我们可以从微观角度出发看待生命：在生命的伊始，碳和氢在特定的场合构成稳定的结构，然后细胞出现，接着是有机体，然后是个体。我们要区分生命的这几个层面，但我想再次强调，在每个层面上，死亡都是正常的现象，死亡是对生命的肯定，而不是否定。
>
> 对死亡的恐惧，很大程度上来自一种文化和宗教上的想象。比如我今天早上想到的荷兰艺术家耶罗尼米斯·博斯在 1490—1510 年创作的三联画《人间乐园》（见插页图 2）。

年轻人：美术老师当年给我们展示过这幅画的放大局部图，很多细节都在表现肢体的存在和受苦。

> 我在想，中国人对死亡会有同样的恐惧吗？好像不会，我们更多的是牵挂，这体现了中国家庭文化对死亡的诠释。所以我们对死亡的想象更多的是文化对死亡的侵蚀。在基督徒看来，对死亡的恐惧不是来自死亡本

身,而是来自地狱的折磨。

严格来说,我们对死亡的恐惧是对死亡所带来的后果的恐惧,而不是对死亡本身的恐惧。

年轻人:在区分了死亡和死之后,我们该如何度过死的过程呢?您一直是很乐观的,我们该如何在死的过程中尽可能快乐地生活?

> 这是一个很重要的问题,但我没有办法回答。因为它是一个非常孤独的、不可替代的、重要的过程,它是对生命极大的否定。它会让你感到绝望,那是一种痛苦的深渊。

对于我自己,在生命的末端,我的目标就是能够完成这本书,让大家知道死和死亡的区别,帮大家摆脱对死亡的不必要的恐惧,更理性地回到现实去关怀死,而不是靠传统文化的载力进一步对死亡本身进行无穷无尽的想象。

第三章

生命图景

一个人应该学会孤独，在心灵深处保守一片孤独的天地，

默默耕耘自己的思想，

冷静但热情地看待这个世界——

不带任何幻想和猜想，同时又非常积极地去活。

"如果用一幅画或者一个图景来描述你的生命,会是什么样的?"在我住进安宁病房的第三天,年轻人向我提出了这样一个问题。

年轻人:我想,这个问题跟年龄和阅历有很大关系,在人生的不同的阶段,回答可能会改变。我的一位编辑朋友说,他的人生是在骑马,他可以坐在马上,也可以拿着缰绳跟着马走,关键的是找到这匹马。他的孩子——一个小学五年级的小女孩的回答是坐摩天轮,"我在里面,可以上,也可以下,但我就坐在里面"。我想了很久,觉得我的答案可能是推石头的西西弗斯，我觉得自己一直在推石头，一直在原地。这可能跟我的人生阅历有关，我在出生的城市长大，还没有长时间地离开过这座城市。

> 我的答案是分阶段的。

翼装飞行

我在10岁左右，做过很多次同一种梦，梦见自己可以飞，飞得不高，无法俯瞰高楼大厦，只是人群以上的高度，但很自由。后来我才知道，有一种运动叫"翼装飞行"，小时候没有这个概念，我只记得在梦里，低空飞行的感觉特别好。

现在回想起来，我这一辈子的生活方式可能都是对于"翼装飞行"的某种追求。我去很多国家，走很多地方，踏很多名山大川，实际上都是在试图实现自由翱翔的梦想，所以翼装飞行是我生命的第一幅图景。

白霜

事实上,听到这个问题时,我头脑中最先出现的是另一幅画——法国印象派画家毕沙罗的作品《白霜》(见插页图3)。这幅画绘于1873年法国的蓬图瓦兹。画中,一个中年人肩负柴火前行,地上布满霜雪。

它可能代表了我中年时很长一段时间的心理状态——享受孤独,享受这种冷静的美。《白霜》并不凄惨,毕沙罗描绘的雪光里,有晨光的颜色。又孤独,又美好。

我一直追求孤独,但这种孤独不是社会性的,更多的是理智上的。我有很多朋友,也爱跟大家一起玩儿,但是一个人应该学会孤独,学会做一个孤独的思想者,在心灵深处保守一片孤独的天地,让自己安静下来,默默耕耘自己的思想,冷静但热情地看待这个世界——不带任何幻想和猜想,同时又非常积极地去活。就像《白霜》不是纯粹的冷,而是有热烈在里面。

按年轻人的说法,我喜欢跟灵魂有趣的人在一起,刘畅老师就是一位。前几天,我跟他打电话闲聊,说在安宁病房住得有点儿闷,无事可做,问他能不能唱首歌给我听。通话时他正在车上,挂电话后,他下车随便找了个小公园,坐在公园里唱了首歌,自拍录成视频,很快就发给了我。

他唱的是齐秦的《夜夜夜夜》:"你也不必牵强再说爱我,反正我的灵魂已片片凋落,慢慢地拼凑,慢慢地拼凑,拼凑成一个完全不属于真正的我。"他平时也不怎么自拍,录视频就用了一个很随意的仰角来拍,能看到他的眼睛里、鼻孔里都有戏。

克里斯蒂娜的世界

我生命的第三幅画是美国画家安德鲁·怀斯1948年创作的《克里斯蒂娜的世界》(见插页图4)。画中人是克里斯蒂娜·奥尔森,她是怀斯的邻居,也是他的朋友。患有小儿麻痹症的克里斯蒂娜在麦田中爬行,肢体动作有些变形,远处的农舍古老而灰暗,与干草和阴沉的天空遥相呼应,那是她的家,她正一动不动地望向家的方向。房屋清晰可见,但它又在构图的角落里,位于地平线上,既远又近。我仿佛看到了自己现在的身体状态——拖着这副身躯在追寻实际上很近的、自己的最终归宿。

在我看来,这幅画展现了死的过程——它捕捉了一种孤独的、不可实现的目标。我把这个过程称为行进式的分离,这是一种极具现实性又有些残酷的生存方式,像寄居蟹一样,身体不再听我的使唤。比如,对我来说,抬抬腿都是一件很费力甚至做不到的事,喝一杯水也是消耗,每一个动作都是。远方那个最后的归宿,我心向往之,但又很难企及,因为我已无法依靠自己抵达。

癌细胞入侵尾椎后,我基本上失去了对下肢的控制。像现在,我想跟来安宁病房看望我的学生、朋友聊聊天儿,却没法自己坐起来,只能调整病床的高度,抬高30度,好直视他们的眼睛。进入"克里斯蒂娜的世界"之前,我其实一直觉得,即便是癌症,对我的生活也没有多少改变。2022年8月,刚确诊时,我也就消沉了两天。不是悲伤,不是害怕,只是不相信,因为我的身体一向很好。那时我以为自己马上就要死了,但两天后冷静下来,我跟朋友说:"走,咱们去旅游。"

最令我难过的是在治疗过程中,疼痛消磨了精神,我很难再完整地看一本书,更别提爬山、徒步。我几乎失去了生命中所有有分量的瞬间。生病前,我很大一部分的阅读和思考都是在爬山的过程中完成的。失去对身体的掌控,意味着失去了生活的主动性。

好在生病后,我的睡眠质量好了不少,以前总要担心工作上的琐事,像填表、申报,现在我再也不因它们而烦恼了。

确诊的第二年开始,生活中"被动的娱乐"越来越多,我有时一醒来就看电视,看了三四遍《我的团长我的团》,喜欢里面探讨死亡与重生的部分。

2024年夏天,我也在家看过几场欧洲杯1/8决赛,两三周后,我住进了安宁病房,也就没精力看了。我并不是真正的球迷,没有喜欢的球队,看比赛的乐趣仅仅在于加入这个游戏,一场人们都在认认真真玩的游戏。我看的最后一本书是《PHI:从脑到灵魂的旅行》,当我意识到自己似乎不再有体力看书的时候,我非常难过。

最后的审判

在安宁病房,我多数时刻都躺在床上,定时吃止疼药。为避免肠梗阻,也不能再进食,只能依靠营养液摄取身体所需的能量。有时候看见别人吃饭,我特别羡慕,我也提到过,其实在生病以前,我不太爱吃饭,我从来没想过自己有一天会渴望食物。

失去身体的过程很快,不过是一个星期内的事。长在尾椎上的肿瘤压迫了下肢的神经。最开始下肢会疼,感觉只是气血不通,但是后来压迫得越来越严重,就会限制我的行动,也会觉得无力。

腹水也是突然出现的。癌细胞导致腹膜的血管通透性增加,液体渗入腹腔,然后淹没整个上腹、下腹,影响呼吸和进食,人很快消瘦下来,瘦得只剩皮包骨头。

我现在的状态到了第四幅画,米开朗琪罗创作的《最后的审判》(见插页图 5)。在耶稣的右下方,耶稣十二门徒之一的殉道者巴多罗买变成一张被活剥的人皮,被另一个人用手提着。[1]

我觉得自己现在就像一张人皮,挂在我的骨架上,但这种"挂着"倒也给予了我自由——我的灵魂是完全自由的。这是一个关于死的极大的悖论:我的心智很成熟,完全健康,但是身体已经彻底失控,人格也不再有同一性。

---

1. 相传巴多罗买被剥皮而殉道。在《最后的审判》中,巴多罗买拎着自己的皮囊,他的样子被米开朗琪罗绘制成自己讨厌的阿雷蒂诺,而阿雷蒂诺手里提着的空皮囊形象则被画成了米开朗琪罗自己。阿雷蒂诺是当时著名的诗人、批评家,他与米开朗琪罗关系不和,经常在背后诋毁米开朗琪罗。意大利的谚语"阿雷蒂诺成就了我现在这副皮囊"正是出于此,常用来形容像被某人"剥了皮"一样。——编者注

灵魂的交流是最深的慰藉

年轻人：除了爬山，您还喜欢其他的体育运动吗？

> 游泳。我从小就喜欢游泳，小时候大家会叫我水猴子。有的时候，我在水里面待的时间可能比在地面上更长，小学以前我都是在水里面玩儿，上学以后，人家上课，我总是逃学去游泳。我也跟体育健将一起游过泳，我没他们游得快，但我的体力跟他们不相上下，游海峡是没问题的。2007年的时候，我曾在希腊待了一整年，我是在那个时候爱上了徒步和登山。那年我39岁，几乎跑遍了希腊的名胜古迹。

年轻人：到了生命的尾声，您通常是怎么度过每一天的？

> 从身体的角度说，我的整个身体都散架了，越来越糟糕。生命慢慢地被剥离，灵魂也开始凋零。这种行进式的死的过程，才是我们应该关怀和关注的。回到现实中去关怀临终的患者，看他们是怎样经历

痛苦的，看他们的生命质量是怎样一步步地被否定、被消磨，然后反思我们实际上又是怎样对待这些事情的。

在安宁病房，医护和家人都把精力放在对"死"的关怀上，这里不再用尽一切（有创的、痛苦的）手段维持我的生命，而是邀请每一位家人一起召开家庭会议，讲解后续可能遇到的任何状况，对未来的治疗方式、身后事进行详尽平和的讨论并达成共识，关怀并进入临终者的克里斯蒂娜的世界，在生命的"最后一公里"陪伴和告别，我觉得这是一个很了不起的进步。

年轻人：在这段时间，还有哪些快乐的瞬间吗？

| 当然有。对我来说，我们之间的交流就是一种最深的慰藉。还有你们送给我的飞行玩偶，也让我特别开心。插上翅膀……青鸟传信……翼装飞行……谢谢你。

跟朋友聊天儿，出去晒太阳，喝口水，移动一下腿，这些都变得很快乐。吃一点儿水果，或者说抿一点儿水果的汁水，我不能吃水果渣了，可能会引起肠梗阻。这些平常我们关注不到的事，现在对我来说都是极大的快乐。

年轻人：如果说最快乐的一个或者三个瞬间呢？

> 第一是灵魂的交流，我们之间的交流至少目前为止是最快乐的。第二是早上出去晒晒太阳，看看街道。第三是晚上睡一个比较完整的觉，然后期待着死亡的来临。

年轻人：您会注意街道上哪些具体的情景呢？

> 医院南门对面的那条街上有很多饭馆，我想象自己能够进去点餐，坐下来吃饭，那是最大的快乐。

年轻人：就像彼岸。

| 是的。

年轻人：十五六岁那会儿，我就在这附近上学。今天来的路上，我路过了以前每周都要吃的麦当劳。在我的记忆里，这里和麦当劳只有一条马路之隔，几乎就在同一个位置，但现在我觉得它们在空间上好遥远，因为代入您的视角来看，如果要想从这里去向那里，似乎已是遥不可及。

| 是这样的，你说得非常好。到今天，我已经有十多天没有进食了。家人会帮我把哈密瓜切成小块，我含在嘴里慢慢咀嚼，这样我就能重新享受吃东西的快感，然后把渣滓吐出来，只把甜甜的果汁喝下去。平平常常才是真，才是幸福，才是快乐，这是我最深的体会。一口水，一碗汤，对我来说都是一种奢侈。

第四章

我们不理解恐惧,是因为不理解身体

当你学会与身体对话,

也许就能在那些看似无法摆脱的

困境中做出理性的思考、正确的选择。

身体曾是我最熟悉的"工具",我用它爬山、游水,直到因为病痛,它突然变成一个摇摇欲坠的躯壳。当你学会与身体对话,也许就能在那些看似无法摆脱的困境中做出理性的思考、正确的选择。

身体对我们来说非常重要,它既关系着我们对死亡和恐惧的理解,也关系着我们对心灵和艺术的理解。失去身体就意味着失去生命。但这只是最浅的层次,从更深的角度思考关于身体的问题,你会发现身体在很大程度上是被遮蔽的。在思考哲学问题的时候,特别是以形而上学的角度思考时，我们应该把握住什么是真相。真相总是在各种各样的谎言之中，被慢慢地、一层一层地揭示出来的。这种揭示的意义重大。

最好的人生莫过于拥有一个强健的胃

我们可以从身体的层次说起。在我看来，身体至少有三个层次。

第一个层次是生物性的身体。所有生物都有生命，生物性的身体是永恒的，即我死了以后，我的基因会被传递下去，我的肉身会化为春泥，在这个意义上我的身体会继续活着。个体存在仅仅是生命基本规律的一种表现，这一生命规律不仅表现在人类身上，也表现在草木、花鸟、百兽身上，所有的生命都体现着共同的规律。

第二个层次是生理意义上的身体。每个人的身体都是富有个性的，比如"我"的身体，我作为一个有机体，和其他同类有机体有着不一样的特殊属性，像身高、体重，这些是我们每个个体独有的身体性。

第三个层次也许是我们最熟悉的身体，它是社会性的、人格的身体，也就是我们在社会活动中表现出来的身体。我们都有自己的服装品味，也有自己典型的社会行为，这些都是我们向大家呈现的社会性身体。

我的朋友中有佛学家，一次偶然的机会，我听到他们讲佛学里的三身说。我想化用佛学的说法，来解释几个层次的身体之间的复杂关系。不过我不是佛学家，如果你指出我讲错了，我完全接受。

佛学说人有三身——法身、报身和应身。对于三身的解释，是以隐喻的方式进行的——法身是月亮，报身是月亮的光，而应身是月亮的投影，是在山川河流中看到的月亮的镜像。

法身代表着佛法，也指存在于每个人心中的佛性，是一种普遍的身体。我们可以把它简单地理解为生命的普遍规律——生物性的身体。而报身与生理层面的身体对应，佛学说这是一种因果报应身，用医学术语表述就是遗传。例如，你可能像我一样，个子比较矮，也可能身高一米八。对于应身，我发现佛学通常会将它与人格关联起来，我想借鉴一下法国哲学家、思想家梅洛-庞蒂在其著作《知觉现象学》中的说法来解读应身：应身是被召唤的身体，象征着我们在社会环境中的各种互动，也就是我们的社会身体。你是某个人的儿子，或者是某个人的父亲、母亲，抑或某个人的学生、某个人的老师，等等。

我不是在讲佛学，也不是在讲梅洛-庞蒂，只是故意用一些我们日常不太熟悉的名词，来掩盖前面三个身体层次的复杂性。一旦有了法身、报身、应身，我们就可以思考三身之间的关系，比如，报身和应身之间的关系是一种相互遮蔽、不能共存的状态。

我们多数时间看不见自己的身体，在外面活动的时候，没有谁会特意停下来低头观察自己的身体，即使在镜子前，穿着衣服，能看见的也是很小一部分身体。能够在社会之中正常生活的一个前提是我们不能感知到报身的存在，它必须隐退于我们的认识背景中，不能出现在前景中。尼采一辈子饱受胃病的困扰，他曾多次提到最大的自由、最棒的人生、最好的哲学莫过于拥有一个强健的胃。

对我来说，我并不知道我的肝在哪儿，直到癌细胞扩散到了肝脏，侵袭了骨头。肝的体积开始扩大，压迫了肋骨、腹壁和腰椎，如果包膜牵拉，还会引起右上腹疼痛。身体被疼痛支配，人跟身体也有了新的关系。我的生活被打断了，不再能参与正常的社会活动。曾经我也是一个登山高手，攀登过很多高山，但现在的我每迈出一步都很艰难，我从没想到过会有今天。

能像健康的年轻人那样活泼、那样自由、那样筹划、那样直接地感知，是以应身的外显和报身的隐退为基础的。因此，从三身的视角看疾病时，我们无须把生病当作一个纯粹的科学现象，如果你能正常地参加社会活动，即便你身上有各种各样的病症,都没事儿,因为你可以继续在社会中生活下去。真正的疾病是一种中断,是一种以报身的外显和应身的隐退为基础的转换机制。

爱是恶心的悬置

我患癌以前身体非常好,很少去医院,生病后,我在住院时常常面临衣不遮体的窘境。在第一次住院时,我忽然认识到原来人的身体和我所理解的身体完全不一样,医院向我展现了一个赤裸裸的生理身体的世界,让我重新理解自己是谁。人的社会身体在病房中隐去了,曾经被社会身体遮蔽的赤裸肉身在病房中显现出来,人格、自由、行为、文化通通被排除在病房之外——我进入了一个应身隐退而报身显现的世界。

密歇根大学法律和文学教授威廉·伊恩·米勒在《解剖厌恶感》(*The Anatomy of Disgust*)一书中对爱做出了非常精彩的定义——爱是恶心的悬置。在病房里,我无数次看到病重的老人赤裸地躺在病床上,他们的孩子在床边为父母擦拭身体,清理排泄物——儿女们不单单是出于义务这样做,他们也真的没有感到恶心。我想这便是爱作为一种身体体验的表现:不排斥恶心的对象或恐惧的对象,而是将其作为一种身体体验来接受。很多电影中也有类似的场景:一对夫妇早上起床后,一个人如厕,另外一个人一边洗漱一边跟爱人聊天。爱是亲密无间的,是恶心的悬置。父母对孩子的爱也是如此,我是有洁癖的,但在我成为父亲后,我从未觉得给孩子换纸尿裤是一件恶心的事。面对我的孩子,我只觉得对他有无尽的爱。

在报身与应身的相互遮蔽与揭示中理解恐惧,我们应该首先判断恐惧源自哪一层面的身体。例如,害怕某个人不喜欢我,或者害怕丢掉工作,抑或害怕钱赚得不够多……这些都是应身的恐惧。而一旦你感到报身的恐惧,前面提到的所有应身的恐惧就会在突然之间变得没有任何意义。当你生病时,被生理的病痛折磨,因看到医院里残酷的报身世界而感到恐惧时,那个人还喜不喜欢你、能不能保住工作或赚多少钱都不再重要,报身带来的恐惧威胁会直逼生命本身，最终走向对死亡的恐惧。

这时我们应该回到法身。关于法身，我一直没有讲太多，但这并不意味着它不重要，恰恰相反，它最为重要，但我们总是忽视其意义。法身作为纯粹普遍性的物种身体，也是生生不息的、不死的身体。人人皆有的法身表明，我们无非是自然界中食物链的一环。这一生命的规律决定了我们以其他生命体为食物的同时，自己也必然是其他生命体的食物。所以当我们意识到自己首先是作为普遍的法身而存在时，就不会再害怕个体的死亡。因为个体的"我"死了，作为普遍的法身却永恒存在，生命的价值由此得以实现。恐惧的意义，它的价值，它所体现出的东西都是非常复杂的现象。实际上，我们不理解恐惧，原因在于我们并不理解身体。

哲学上有一个流行的说法是"向死而在"，但我不完全同意这个说法。海德格尔的"向死而在"作为一个哲学命题，忽略了报身的优先地位及应身的隐退。或者说，它忽视了尼采的胃，忽视了病房里赤裸的报身。一旦真的"向死",也就是说当死作为一种确定性呈现在我们面前时,何谈时间的未来与现在的筹划?应身世界的自由,我已全然失去。一旦死亡直逼而来,在真正面对死亡的时候,人的身体结构和心智结构已经被完全改变。

世界的可能性在身体的舞步中展开

我最喜欢的电影导演之一是黑泽明,他执导的电影《生之欲》,我几十年前曾经看过一遍,生病后又重看了它。影片的主人公渡边勘治是日本的一名公务员,有一天,他突然得知自己患有胃癌,医生告诉他,他还有一年的时间。生命进入倒计时,渡边勘治本想及时行乐,却发现花钱如流水、借酒消愁、和美女约会都无法解答"人生的意义何为"这一问题。当他的生命只剩半个月时,他意识到这样短的生命期限已经无可避免,在这种必然性之下,他唯一能做的就是完成手头的事情——把市政厅的工作人员踢皮球不愿处理的臭水沟填平,就是这样一件小事。渡边勘治后来也因这件小事而被市民纪念。

西方评论界对这部电影有一种普遍的解读：渡边勘治选择了向死而在，得到人生的自由、人格的实现。我不赞同这种说法，因为它经不起推敲。"每一天都是最后一天"，人们确实可以以这种想法来生活，这也非常有意义，但这不是真正的向死而在。存在主义所说的"向死"是一种不确定性，或者说是一种理智的游戏，是一个健康的人用一种思想实验的方式对待自己的存在，实现自己生命的价值。这和一个癌症患者知道自己只有半年甚至半个月的生存期是完全不一样的。真正的向死而在是真切地知道，在一个我们所能感知到的时间维度内，生命即将结束。这是一种完全不同的必然性，是一种身体要离你而去的必然性，甚至可以说是一种宇宙的残酷。这种残酷和个体没关系，你没做错什么事，但身体就是要离你而去，你认为的你实际上只是借用身体而存在的。当身体离你而去的时候，你将不再存在。

对渡边勘治来说，他选择把一件事做好，或许能改变别人的生活。我认为，那时作为病人的渡边勘治已经不再考虑自己，更没有考虑自己的价值、自己的自由，他采取了一种跟人的意识、人的自由没有关系的角度——纯粹的身体的角度去理解生命的意义。

很多时候，艺术的自由也是靠身体的多维度性实现的。20世纪初，德国画家洛维斯·科林特（1858—1925）画过很多幅自画像。1911年，他的右脑因脑卒中而意外受损，失去了一定的空间控制力。插页图6是他生病前的自画像，插页图7则是他生病后画的。

从身体的维度看，我们可以认为病前自画像中展现的是洛维斯的应身，病后自画像中展现的则是他的报身——一种本来的、带有脆弱性的、富有人性的自我。尽管都是在画自己，但是表现方式迥异。很多艺术评论家认为，尽管科林特艺术造诣高深，但直到生病后，他才真正跻身一流艺术家的行列。这两幅画的差别到底在哪儿呢？

一方面，我们可以说病前自画像很豪迈，给人以气宇轩昂的、拒人于千里之外的感觉，像是一种宣誓和追问，追问"我是谁"；病后自画像则更令人动容，向我们展示了创作者自身脆弱的一面,他仿佛在做自我的解剖——我原来是这样的。

另一方面,在病前自画像中,身体看似是一种符号:每一个部位、每一个动作,甚至手摆放的位置都是一种道具式的表达,展现了一种概念、一种意识形态。我觉得这幅画作带有一种军人的符号色彩,展现了科林特在健康的时候所表现出来的应身,罗马人称之为"人格面具"。病后自画像则伴随着符号的退场——身体不再是一种符号,而只是身体本身的生理状态,它向我们呈现出人赤裸裸的脆弱性,呈现出一种悲凉、一种失落,让我们产生共鸣,通过这种生理状态来揭示一种普遍的困境、命运的波折。

实际上,人类身体的创造性是非常强的。我们只是随着科学的进步才慢慢意识到,身体不是一个纯粹现象界的装置,而是充满能动性的、具有主体性的自我:我就是身体,身体就是我。我的感知就是我的身体的感知,我的身体的感知就是我的感知。

死亡是生命的一部分

我还想聊一聊法国戏剧理论家安托南·阿尔托的残酷戏剧。人们对"残酷"的解释似乎比较少,好像残酷就是要呈现人的痛苦,事实恰恰相反。

阿尔托幼年罹患脑膜炎,终身受剧烈头痛和神经疾病困扰,青年时期因精神问题多次出入精神病院,精神疾病甚至造成了他生理躯体上的疼痛反应。他在一个精神医生的帮助下,短暂地脱离了这种痛苦,移居巴黎,加入超现实主义团体,但很快跟这一派的理念有了分歧。几年后,他又因精神崩溃被强制送入精神病院,度过了长达九年的时光。关于残酷戏剧的理论都是他在那里写就的,直到最后因直肠癌去世。阿尔托提出的理论在他生前几乎没有被实践,他去世之后,美国的戏剧家看到并实践了残酷戏剧理论,之后又将其传回欧洲。

1931年,阿尔托在巴黎的世界殖民地博览会上邂逅了巴厘戏剧演出。阿尔托从巴厘戏剧中感受到了生命的洪流，这是一种全新的，跟西方完全不同的戏剧格局和形式，他将其称为"整体戏剧"，表现人与自然合一、人与鬼神同为一体，以及生命的洪流川流不息。洪流便是生命在自然之中所经历的必然，人的挣扎是没用的。

他认为巴厘戏剧是真正充满生命力的戏剧，它与西方的语言戏剧截然不同。以西方的观点来看，戏剧分为三大支：一是英国伊丽莎白一世统治时期的莎士比亚戏剧，二是日本的能剧，三是巴厘戏剧。而在阿尔托看来，和语言戏剧不同，巴厘戏剧是身体戏剧，身体戏剧更多是通过身体、声音、姿势、空间等，调动所有可以调动的身体性因素——抽搐、呼喊，以及各种肢体动作来表达戏剧性，这种戏剧创造的是一种大自然的重影，展现了原初的世界本来的面目。

重影所表现的就是生命的脉动，而生命的脉动，我觉得又集中表现在佳美兰音乐里。如果你看过巴厘戏剧，你就会发现它的音乐非常有意思。这种音乐由佳美兰乐队演奏。它很复杂，其复杂程度可以跟巴赫的复调相比，与此同时又充满了混沌——杂乱无序，有不同的声音、不同的节奏，甚至像在相互角力。不需要指挥，它就是不同的声音、节奏和韵律的汇集。它看似全然错误，却又并非噪声。那一刻我感觉阿尔托说得太对了，我听着佳美兰音乐，觉得这才是真正的生命的脉动，是大自然的重影与时间的复杂性的体现。

西方的古典音乐是美的，但它是一种理智的声音，与将身体性因素、不同生物钟、不同节奏混在一起的佳美兰音乐不同，后者的混沌与复杂是非常有控制感的杂乱，阿尔托从中听出了生命原始的冲动，也许从这个角度，我们可以理解什么是生命，至少是从人的直觉上去理解。

我们可以把加美兰音乐看作巴厘岛人对生命和死亡的阐释——无序中的有序。残酷并非悲伤，而是直面现实，好像所有生物都像音符一样跳动着。人是自然的一部分，死亡是生命的一部分。

死亡是融入生命的洪流，是生生不息，它不是一件值得我们忧伤的事,这就是死亡的意义。通过音乐、艺术、诗歌,表现的都是同一种思想,"我是万千逸动的风"。所以大家要积极地面对人生,更豁达地面对死亡,死亡是人生一个非常有意义的结局和开始。

生命的洪流

年轻人:您在末端的生命历程中有没有验证哪些之前您自己不太确定的假说?

> 当我自己的死亡即将到来时,我真的不感到恐惧吗?现在我可以真切地回答:是的。我期待着自己的死亡,期待着"重生",期待着小草从我身上长出来,期待着生命的一种重新开始,我想这算是一种验证。

苏格拉底说,如果能与赫西俄德、荷马谈话,我愿意死很多次。我想去验证灵魂是否存在,我也会去找苏格拉底、找孔子、找庄子、找佛陀,去寻找新的生命形式。这可能也是一种验证。

生命图景的对话启发了我,我为这本书写了一首小诗,学生阿谣帮我做了润色工作。

> 立床前多日,收获者注视我,
> 　　　冷影覆过他。
> 无温而无烟地,我的肌肤被炙烤成时间之瓦。
> 　一折一折,堆垒赫拉克利特之河[1],
> 　　　凝固成 mosaic[2]。
> 　分钟分钟地,寻找和拼凑,
> 　　　骨骼被他的眼光走成了路。
> 　其上满铺被剥去皮的信徒……
> 　这是克里斯蒂娜的世界:
> 　　　一只寄居蟹
> 　　拖曳着沉重而轻的壳,
> 　向那极远却极近的归宿爬行……

---

1. 古希腊哲学家赫拉克利特曾说:"人不能两次踏进同一条河流。"——编者注
2. mosaic 意为马赛克。——编者注

第五章

活在一去不复返的当下

我们重视历史，在意对绝对时间长度的延续，
但是从严格意义上讲，
它仅仅是一种文化现象而已。

在有史以来的很长一段时间里，人类的平均寿命在35岁左右。在20世纪之前，许多像夏洛蒂·勃朗特这样有才华的人都不到40岁就去世了。我不能说这是自然的生命过程，因为我们并不了解什么是自然的、什么是不自然的。但从概率上讲，这似乎是人类社会的、历史的常见现象。不管你活了多久，在某种看起来不尽如人意的意义上，短或许比长更有价值，重要的是生命的体验。

在重症病房住院时，我发现"长寿"这个概念对中国人来说特别重要，比如我的病友老郑就认为多活一天是一天。

在很多地方，医生不会主动告诉危重病人他们的生命还剩多长时间，而是选择告诉病人的家属。我很感谢医生的体恤，但我觉得他们其实不必这样，我愿意知道自己所剩时间的多少，也会要求医生在每个阶段都将信息对我公开。这可能是因为我不那么重视"长寿"本身。刚被确诊为直肠癌晚期时，我最担心的不是还能活多久，而是还能不能有质量地活。

我很少求人办事，但2022年秋天，虽然有些为难，我还是硬着头皮去托朋友帮忙在北京找一个好一点儿的外科大夫，希望能保住肛门。

住进安宁病房前，我一直拒绝朋友或学生来医院探望我。当身体的自主能力明显减弱，多位重症病人同住一间病房时，人很难保有原本的尊严。我在病房里看到了一个赤裸的世界：不分年龄和性别，重症病人在他人的帮助下毫无隐私地在病房里更衣。

而当重症病人的家属向医生提出给病人插管的请求时，

医生通常会接受并执行。我们总是容易被孝道裹挟，忘记思考生命的质量，这让我想从时间的角度来谈一谈生命与死亡。时间是一个非常复杂的问题，但我们也可以暂时将它简单化。在哲学范畴内，我们暂且可以认为时间主要分为日历时间和事件时间。而生病后，我有了新的想法，开始从身体的角度思考时间。

日历时间：作为生命体验的时间

对生命而言，时间远比空间重要，但物理学中的情形恰恰相反。如果把生命视为一场穿越，那么从现象上看，时间是生命的由生至死，时间的穿越具有单向一次性，空间却不是——你完全可以在房间内来回踱步。这种差别也表现在情感上：空间的意义一般是间接的，时间却渗透在生命的每一个细胞里，每一种情感都有其时间意义。时间可以直接激发情感，我们怀念过去，对未来感到迷茫。时空变换，情感交织，这是很典型的巴山夜雨式的时间感受。

人们在感怀时间流逝的时候，总会喟然叹息"逝者如斯"——时间像河流一样，流动，消逝。流动包含两层含义，一是时间独立于事件，它的变化是绝对的，每一刻都是正在消逝的此刻，不断被新出现的时刻取代；二是时间不可逆，现在在成为过去，而过去不会成为现在。它展现了时间本身的秩序。比如，今年是2024年，去年是2023年，明年是2025年，我们称这种秩序为"时间之箭"或者"日历时间"。日历时间是一种作为生命体验的时间，其中包含着一种历史性和普遍性——你可以把古今中外所有的事件排列在一条永恒的时间线上。

站在时间的长河上看，如果我们相信日历时间并用它来丈量我们的生命，就会发现生命不过是"一瞬"。从生命体验的角度来说，我们面对有限的时间，常常萌生出对自我主体解体的恐惧，害怕主体的消殒、意识的消融。我想用卢克莱修的"对称性论证"[1]来反驳这种恐惧。

---

1. 卢克莱修在《物性论》中用生前、死后虚无的对称性来论证死亡不值得恐惧。书中原文是："回望那些我们出生之前的永恒岁月，它们对我们如同虚无。此镜鉴映照死后时光——难道其中有何更可怖？死亡不过是比酣眠更深的安息。"（李永毅，2022年译本）——编者注

当我们把时间看作一条直线，那它的两端都是无限延长的，一端向过去，一端向未来。这条直线可以被分为三部分，即过去的永恒、当下的瞬间（也就是我们短暂的生命）、未来的永恒，过去与未来的永恒在直线上是相等的，对我们短暂的生命来说，它们都向远方无限延伸，可以去往近乎不存在的彼端。

"对称性论证"的关键在于发现矛盾与悖论。如果我们以个体、以主体为中心，过去与未来的永恒是一样的，既然我们不惧怕过去的不存在，也就不应该惧怕未来的不存在。在这层意义上，一个生命如果因害怕主体的消殒而去追求无意义的长寿，这种害怕本身是存在逻辑悖论的。

在重症病房，当医生明确告知患者医无可医时，我仍然看到很多病人和家属为了延长可能只是一两天的生命，选择付出高昂的代价——插管、进行有创抢救，人为地延长"死"的过程。这非常值得我们反思：我们是否被历史主义的时间观和生死观控制了？病人想着长寿，家属想着孝道，而不去考虑生命本身的、内在的质量。我觉得这是一种日历时间概念的桎梏，它让我们单纯地，甚至不惜一切代价地追求长寿。我们重视历史，在意对绝对时间长度的延续，但是从严格意义上讲，它仅仅是一种文化现象而已。

赫尔曼·黑塞在童话《美丽的梦》中写了这样一个故事，一个男孩在17岁那年死于肺炎，去世前两天，他做了一个美丽的梦。在梦境中，他见到了爸爸妈妈，寻得自己理想的事业，并与一个女孩相爱。在这个故事中，每个人谈论起男孩时都认为他很不幸，因为他在凭借自己的天赋和努力功成名就之前就去世了。但黑塞认为这个男孩的生命是值得庆祝的，他能力所及的事全都办到了，他的死不可避免，但他的一生也不曾有缺憾。

当我们看待生命时，应该关注生命本身的内容，而不是看它在时间长河之中所占的时间有多久。在我看来，长寿本身并不是什么好事，甚至是在跟年轻人争夺资源，顺其自然地退场是再好不过的。当然，我所说的退场绝不是选择自杀，只是没必要追求长寿本身，它没有什么特别的价值。

事件时间:作为秩序的时间

剑桥大学三一学院的哲学家约翰·麦克塔格特曾于1908年发表过一篇文章——《时间的不真实性》(The Unreality of Time),他第一次从哲学的角度提出时间不是单一的,而是多重的,甚至充满矛盾。

事件时间与日历时间截然不同,它是物理学意义上的时间,与事件相关,比如人们可以这样形容自己的一天:醒来,吃早餐,和朋友见面,运动,吃晚餐,睡觉,并不展示时间本身的秩序,而是秩序的时间。瑞典心理学家让·皮亚杰的认知发展理论从脑科学、儿童心理学的角度印证了这种区别——孩子的大脑中在4岁以前只有秩序的时间。打个比方,我早上8点起床,吃早餐,9点去上班;你早上6点起床,7点去上班。小孩是不能理解为什么同样是先起床、后上班,"我先起床"这件事在日历时间轴上,却晚于"你后上班"。

日历时间和事件时间谁更重要、更基本?回答这个问题之前,我们必须先明确另一个问题:日历时间和事件时间都是真实的吗?在这一点上,哲学和科学的答案基本一致,我们可以简单地认为,日历时间是幻象,事件时间才是具有真实性的时间。

因为物理学认为事件有可能存在先后顺序,时间本身却不可能存在独立的秩序,更不可能证明这种秩序在不间断地流动。事件的先后不等于时间本身的先后,所以从物理学的角度看,我们只能在事件的意义上谈时间的先后,而不能在一种绝对的、时间本身的意义上谈它的先后或者长度,也就是说,离开事件,时间本身的秩序是无意义的。因此,在当代物理学看来,我们生命体验到的时间,那个"逝者如斯夫"的时间之箭,在物理学乃至科学的意义上其实是不存在的。生命所能体验到的时间不过是一种幻象,时间的流动以及过去、现在和未来的区分,其方向之不可逆,都不是真实的现象。

虽然日历时间是虚假的幻象,但是当我们讨论它和事件时间谁更重要的时候,麦克塔格特在《时间的不真实性》中明确提出,非单一的、多重的、充满相互矛盾的时间当中,日历时间才是最重要、最基本的成分,事件时间只是一种衍生的时间。因为从个体的角度出发,生命所能体验到的毋庸置疑只有日历时间,我们活在一去不复返的当下。

我一直想探索生命所能体验的日历时间和物理学意义上的事件时间之间的矛盾。它是否意味着我们人类一直生活在错误之中?如果人类生活在错误之中,我们何谈认识论,何谈认识世界,又何谈生存?如果连生命体验都是由幻象构成,如果时间缺少真正的物理意义,为什么生命有如此强烈的时间体验?作为似乎可有可无的物理变量,或者被视作虚假幻象的时间,对人的生命体验来说,为什么又是如此重要?

我在生病以前就一直想要解答这一关于时间的悖论,现在我有了一些不太成熟的新想法。在日历时间和事件时间之外,存在一种"身体的时间"——它既是我们生命体验的一部分,又没有幻象性。

身体时间:鳄鱼之眼

生命科学家时常讨论复杂性,但是我觉得许多人忽略了真正的复杂性——时间的复杂性。要理解时间的复杂性,身体时间是基本的维度。一旦从身体的角度看待时间,就能真切地体验到时间不是不可逆的隧道,而是一种循环,两端相连。它既不是客观的物理的时间,也不是纯粹的幻象,而是一种真实的、能够让人类摆脱进化论的困境的时间。

我们的身体没有中央集权的时间机制,而是一个复杂的系统。每个器官或更微小的系统里又会有一套自己的追踪机制,或者叫更新机制,对于外界发生的事,它会做出某种记录和反应。肝有肝的时间机制,肠有肠的时间机制。我们还不确定人类体内有多少种生物钟,但是当下针对生物钟的研究越来越多,比如以色列的生物学家在肠道的生物钟方面就取得了很大的进展。

大自然中也有许多这样的时间机制。位于南半球的澳大利亚大堡礁是世界上生物多样性最丰富的地区之一，超过1 500种鱼类、4 000种贝类和700种珊瑚栖息于此。许多生物都依靠排卵繁衍后代，为了避免集中排卵造成混乱，它们采取了跟踪月光的方法，比如珊瑚虫体内有一种"光传感器"，能感知满月时的光线，并将其作为排卵信号。每个生命的身体都有追踪现实世界的能力。

澳大利亚生态女性主义学者瓦尔·普鲁姆伍德有过一次特殊的经验。1985年，她在野外划船时，被一条湾鳄袭击。湾鳄是现存最大的爬行动物，体长可达10米，因有食人记录，它也被称为"食人鳄"。在与湾鳄的狭路相逢中，普鲁姆伍德三次被它拖到水里，差一点儿被吞食，而她也在即将丧命的那一刻获得了一种看待人类与其他动物的全新视角，这是人类在极端状况下的"出神"时刻，也是我们可以跳出人类中心主义视角看待人与万物生灵的关系的第四非人称视角的时刻。

"我在鳄鱼的眼中是什么？食物而已。"人类总是站在高于其他物种生命的视角看待一切，实际上，人类也只不过是鳄鱼的食物。

鳄鱼之眼是一种视角的切换,证明我们可以用第四非人称的视角,从身体的角度看待作为生命体验的时间。科学时常讲第三人称视角,它并不意味着我们清楚他人的想法。第三人称视角更多是一种超越,因为人类总是用第一人称视角看待世界,而科学家要做的往往是超越第一人称视角的偏见和局限。严格来说,第四非人称视角也包含在第三人称视角中,但是我想把第四非人称视角独立出来进行探讨,因为我觉得目前的科学在讨论许多系统层面的问题时,依然有人类中心主义的痕迹,把人类作为标准,没有完全脱离人类中心主义的窠臼。第四非人称视角所强调的不仅是从其他物种的视角来看问题,而且是从身体的角度,重新注意到我们人类也是动物。人性首先是动物性。

我相信脱离人的意识和视角,从第四非人称视角去理解生命,或许还有一重更纯粹的身体的意义。一旦我们从身体的角度看待时间,就会知道时间是一个循环——

生与死是连接的。普鲁姆伍德从湾鳄的袭击中死里逃生后,区分了两种视角,即内部视角和外部视角。当我们从外部视角(也就是鳄鱼之眼)来看待生命,看到的是作为身体和食物的生命,我们不得不承认自己是食物链的一环。相对于肠道菌群来说,我们是宿主,它们是客人,菌群在吃我们的身体,我们的身体又借助菌群消化食物,二者组成一种共生关系——吃与被吃的关系。这种关系是所有生命的基本规律,你吃我,我吃它,吃是非常有哲学意义的事件,任何动物、植物的死也是另外一个生命的开始。我们生他者之死,死他者之生,这是生命的残酷,也是生命的价值。

破解时间的暴政

年轻人:生病以后的时间维度和之前有什么不一样吗?我昨天迟到了 10 分钟,提前给您发了微信,觉得很不好意思。但我那个时候又在想,对您来说,早 10 分钟或晚 10 分钟会有很大的差别吗?

10分钟对现在的我来说并没有很大的区别。因为我就在这里，几乎一动不动，时间在某种意义上是静止的。对健康的人来讲，10分钟可以做很多事情，或者筹划很多事情，比如你，或许可以用10分钟跑完2 000米。

时间跟事件是相关的：如果一件事情很无聊，在你的回忆中，它占据的时间可能会显得比较短；如果一件事情很有趣，你回忆时可能觉得它占据了很长的时间。实际上，可能第一件事情比第二件事情耗时更长，但是你的感知和记忆是完全不一样的。所以主观的时间长度跟事件内容高度相关，事件越"有活力"，你的时间体验就越丰富。

这里提到的时间主要是作为生命体验的时间。人脑中有一种叫海马的结构，它会"编码"关于时间的记忆，缺乏变化的事件在主观体验上会产生较少的时间信号。很多人觉得人到中年后时间变得"弹指一挥间"，就是因为中年人的生活内容相对枯燥。而童年时代和青年时代是很长的，因为我们的生活中充满了信仰和挑战。

年轻人：上小学的时候，整晚整晚地写作业、和朋友玩。那时觉得晚上好漫长，不是难熬的漫长，而是感觉每个晚上都很充实。但是工作以后的晚上总是过得很快，如果休息时只是玩手机的话，甚至第二天会完全想不起来前一天晚上做了什么。

> 因为主体的参与性不一样。小时候你是主动参与的，而玩手机时，你接收的内容是有被动性的。

年轻人：如果抛开日历时间的桎梏，我们主观上可以选择哪种序列的时间？

> 彻底抛开估计不大可能，因为人类的意识中就有这种倾向，只是我们应该知道，我们是在执行一种错误，这种错误也是生命的一部分。

年轻人：我想到了一些当下社会普遍关注的问题，当新闻报道中提到一个 30 岁的人去世时，人们会因他还这么年轻而惋惜，但是当一个 35 岁的人找工作时，他可能被视为年龄太大的求职者。

> 这就是日历时间的暴政，日历时间的桎梏控制了我们看待事物的方式。破解日历时间的暴政是全社会需要为之努力的事情。

年轻人：咱们一直在聊"时间"。我初中时看过一本书，叫《相约星期二》，讲了一位美国教授临终前为一个年轻人上的最后十四堂人生课，这是我曾经很喜欢的一本书。那么您在生命的尾声写这本书，您想象的读者是谁呢？

> 我也读过《相约星期二》。也许，我们也可以把这本书推向世界，我们的读者也可以是世界上的每一个人。

第六章

生命的
小大之辩

每个人都承载着宇宙的奇迹,
这不是隐喻,而是事实性的描述;
每个人的意识都让宇宙为之闪烁,
这不是诗意的语言,而是客观的描绘。

2024年6月4日是我在中国人民大学春季学期开设的"艺术与人脑"课程的最后一课，那也是我最后一次站在讲台上。生命的小大之辩是那节课的主题，作为对谈内容的补充，放在这本书里再好不过了。

我总是说，艺术追求的不一定是美，而是真。在这一方面，艺术跟哲学和科学没有太大的差别，唯一的差别可能在于艺术独特的求真方式。艺术的求真是以体验为基础的，至少在起点上，它要求艺术家的个人体验，科学和哲学则不一定与个人体验相关。

简单来说,艺术是将个人体验升华为一种普遍认知。艺术家必须以一种大众在一定程度上可以理解的方式传达自己的经验,如若不然,那艺术本身就不能称为艺术,而仅仅是一种个人的体验罢了。

哲学呢?哲学的起点是一种普遍的,甚至是绝对的真理,由此下降到生活和个人的层次。这是哲学的研究方式——自上而下的。如果说它包含个人体验的成分,它最多只是将一些普遍乃至绝对的原则转译成个人的体验——从哲学变成哲学家。因此,我们不能过于强调艺术的私人性,因为它是有普遍性的。同样,我们也不能过于强调哲学的普遍性,因为它也保有私人性的成分。比如苏格拉底,他不仅是哲学,更是哲学家。

这也让我想起荣格,他在《自我与无意识》中曾经提到过一个有趣的例子。荣格熟悉的一名精神病患者曾有过一种神奇的体验——认为这个世界是一本可以任他翻阅的图画册,他可以任意翻开这本图画册,每一次翻页,他都能看到一个不同的世界。在荣格看来,这位患者的想法令人惊奇,甚至可以和叔本华"作为意志和表象的世界"的理论雏形媲美。但是这个人并没有成为叔本华,甚至完全相反,他恰恰因为这种神奇的体验而被压垮了——成了一个精神病人。他不但没有掌握这种体验,反而被体验所掌握。他的观点在个人经验的层次停滞不前,一直停留在纯粹的自发性生长的阶段,没有把这种个人经验抽象化,上升到理性的绝对原则,并用人们通用的语言将它表达出来。所以艺术家的挑战不仅在于拥有迥异的个人体验,更在于怎样超越这种个人体验,以一种令人震撼的方式传达这种原本私人的感受。

哲学和科学也有令人震撼的地方。当我们看见嫦娥六号在月球背面着陆,携带月壤最终返回地球时,作为中国人,我们无不为之震撼并感到自豪。民族的兴旺,国家的振兴,探索宇宙的工具所展现出的潜能……这是科学的震撼,是有清晰的概念内容的震撼。而艺术的震撼是不太一样的,它不一定有清晰的概念内容,但又能一下子抓住你——并不倚仗你的知识,而是源自你私人经验的共鸣。康德说，有两种东西具有永恒的震撼性，一是我们头顶上浩瀚的星空，二是人们心中高尚的道德律。康德所说的震撼是什么样的呢？夜幕降临，当我们疲惫不堪地结束一天的工作，放下手头的繁杂去看浩瀚的星空时，我觉得大部分人都会在刹那间体会到一种震撼——一种艺术性的震撼。

艺术家需要超越个人的经验，上升到一种普遍的高度——"真"的高度。我们可以把这种个人经验和普遍原则的区分看作一种小大之辩。

反抗吞噬一切的"大"

讲述小大之辩的版本很多，我私以为，最充满艺术想象力的就是《庄子·逍遥游》中的辩论。

> 穷发之北有冥海者，天池也。有鱼焉，其广数千里，未有知其修者，其名为鲲。有鸟焉，其名为鹏，背若泰

山，翼若垂天之云，抟扶摇羊角而上者九万里，绝云气，负青天，然后图南，且适南冥也。斥鴳笑之曰："彼且奚适也？我腾跃而上，不过数仞而下，翱翔蓬蒿之间，此亦飞之至也。而彼且奚适也？"此小大之辩也。

——《庄子·逍遥游》

这是说，在草木不生的极远的北方，有条名为鲲的鱼，它的身子有几千里宽。有一只鸟，它的名字叫鹏，背像泰山，翅膀像天边的云，借着旋风盘旋而上九万里，超越云层，背负青天，然后向南飞翔，要飞到南海去。小泽里的麻雀讥笑鹏，说自己一跳就能飞起来，飞至数丈高，然后落下来，在蓬蒿丛间盘旋也是极好的飞行，跑去南冥有什么意义呢？我的活动范围就是我的后院，这也很好。这就是《逍遥游》中的小大之辩。

我们传统上都认为"大知"是好事，"小知"则是不好的。我个人认为这是不对的。舍小而取大是一种比较片面的思维方式。在今天，有一种全球范围内流行的生活哲学，我们姑且称之为麻雀主义——过小日子。我生活的天地就在我的后院，这在西方几乎已经成为一种运动。有人说，"大"是一种资本的变身，是跨国公司的表象，麻雀主义要反抗的就是这种吞噬一切的"大"。麻雀主义不是"躺平"，更不是"卷"。所谓的"卷"实际上是在否定自己作为一个平凡人的意义。麻雀主义也不是混日子，而是一种"小"意识的觉醒：在后院种几株南瓜、几根胡萝卜，过一种自给自足、田园牧歌式的生活，宣布将自我隔离在商业世界、消费世界这种资本控制一切的霸权主义之外。麻雀主义是积极的，代表了一种现代的、环保意识的，甚至是自在自为的人格意识的解放。因此我们不能仅仅因为"大"就盲目地崇拜它，因为"小"就盲目地鄙视它。实际上，我们都是平凡的人，都是"小"的。很多城里的人渴望的不是高楼大厦，而是回到农村；渴望的不是大江大河，而是小溪。个人体验离不开这样的"小"。特别是在今天，在"大"主义控制一切的情况之下，如果我们真正重视个人体验，并且在个人体验之中构建自己的"大"，这将是一种艺术的自我救赎之道。

生命要比原子大

第二个小大之辩源自伟大的物理学家薛定谔。1943年2月,薛定谔在都柏林做了一场在科学史上具有里程碑意义的演讲,题目是"生命是什么"。在演讲的开始,他抛出了一个看似"无厘头"的问题:为何原子如此之微,而生命却如此之巨?实际上,这是一个非常深刻的问题,它从全新的角度探索生命和认知的关系,我称之为"薛定谔的小大之辩"。

人为什么不能像原子那样至精至微呢?至精至微的生命可以感受到宇宙中任何微小的颤动,那样的生命该是多么精彩,那样的知识也应该是"全知"的,不是吗?可薛定谔的回答恰恰相反。他认为,所有原子无时不刻不在做无秩序的热运动,如果一个生命能够感知一切无规则的原子的颤动,其所接收的就只是宇宙的噪声,他将一无所知。在薛定谔看来,所有的物理学规律都是概率规律,都是由大量原子堆积呈现的无序中的秩序。在这里,他的意思实际上有两层:如果生命像原子那样小,那么生命是不可能的,因为生命本身也是秩序;如果生命认知过于敏感,能够感受到单个原子的运动,那么认知也是不可能的。所以生命和认知之间似乎存在一种平行关系,它们都不可能在单个或者少量原子层级上实现。因此全知在薛定谔看来就是无知。这是薛定谔的"生命之大"——生命要比原子大,才能在无序中看到有序。

生命之小是什么呢?从遗传学的角度看,个体生命无不源自单个细胞(受精卵)的不断复制和分裂,而在一个细胞之中,细胞核又包含了生命所需的大部分"要素"。生命的规律应该比物理规律更复杂,但如此之小的原子数竟然能创造复杂且庞大的生命,这正是"生命之小"的含义。

基于这样的小大之辩,薛定谔提出了震撼科学界,并且极大地推动了20世纪科学进步的假设:既然原子本身不能彰显生命和认知的规律,那么细胞核内可能存在某种能绕开物理学中无序的热运动的生命密码,也就是说,个体的生命规律只有以密码形式储存在细胞核内部,才能摆脱大量原子堆积的规律性前提（因为密码的储存和解读不需要热消耗）。后来，沃森和克里克正是基于薛定谔的这一假设，才有机会发现DNA（脱氧核糖核酸）的双螺旋结构，生命的奥秘就是这样被解开的。这就是思想的力量，也是问题的力量。

0.12像素的暗淡蓝点，让宇宙为之闪烁

我生病以后，曾多次回顾第三个小大之辩，它源自一张照片，1990年2月14日，NASA（美国航空航天局）发射的旅行者1号探测器在即将驶出太阳系时，接到了来自地球的紧急指令，"回头"拍下了一张地球的照片（见插页图8）。照片中，地球是一个难以分辨的暗淡蓝点，它在这张照片上只占据了0.12个像素。在拍摄完这张照片后，旅行者1号永远关闭了它的相机。我相信任何一个稍有些敏感的人，看到这张照片后都会产生一种特殊的情感。我们赖以生存的地球不过是一粒尘埃，这粒尘埃就是我们为之奋斗、为之哭泣、为之牵挂的家园。这

一复杂的情感在我看来是一种形而上学的恐惧,它不一定与个体经验有任何关联,但是人还是会由此思考生命的意义究竟在哪里。

这张照片的背后有一个特别的故事。当美国天文学家卡尔·萨根向NASA提出了拍照的请求时,设计人员基于至少两个原因提出了反对意见。一方面,拍摄本身极具风险。在距离地球60亿千米之外,使用任何计划外的微弱电量,都有可能造成仪器故障,导致旅行者1号坠入浩瀚宇宙的深渊。正因如此,这个拍摄行为非常打动我,它让我想起古希腊的著名悲剧:俄耳甫斯恳求冥王哈得斯放还他的爱人欧律狄刻,他的歌声如怨如诉,感动了冥王,冥王警告俄耳甫斯,离开冥府的途中,不许回望妻子。但是当他带着欧律狄刻走在重返阳世的路上时,他还是忍不住回望了自己的爱人,刹那间,欧律狄刻坠入无尽的深渊,再也无法返回阳世。卡尔·萨根和NASA敢于冒着风险回望,给人类带来这张模糊的照片,这在哲学上是非常有意义的事。另一方面,我们只要稍微想一想就能知道,从60亿千米之外观测地球,它当然是极渺小的。为什么要为了一个已知的结论冒如此大的风险呢？幸运的是，NASA在旅行者1号即将驶出太阳系的几乎是最后一刻同意了萨根的请求。当我们看到这张照片时，我相信它一定给人类带来了某种知识，它超越了我们的已知，提供了一种宇宙的视角。航天器是人类眼睛的延伸，它传递给我们一个模糊却又具体的图像，这个图像不仅是抽象的知识，更明晰地激起了人类的一种宇宙情感。我们第一次从宇宙的视角，而不是简单的科学的角度去看待人类及人类的家园，其中各种各样的情感也许只有这模糊而具体的图像才能给予我们。

卡尔·萨根后来写了一本书，书名就叫《暗淡蓝点》。他说，这就是我们为之牵挂、为之哭泣、为之依依不舍的整个人类的家园，所有人，甚至人类历史上发生的所有事无不在这粒尘埃里。

宇宙之大，让我们看见地球的渺小，看见全人类的渺小，人类数千年的文明也不过一瞬而已。在这样辽阔的视角下，追求成为人上人、"内卷"是没有意义的，但是它并不导向虚无主义。地球的渺小自有它的精妙、它的神奇、它的奇迹——旅行者1号恰恰是从这一粒尘埃上发射的。

我们都是宇宙中的生命,都是宇宙之子。如果把整个宇宙看作一个无垠的空间,是否恰恰因为这一粒尘埃,宇宙才开始有了自我意识?正是因为这粒尘埃上某些人的自觉、他们的意识、他们对于追求"真"的执着,整个宇宙才鲜活起来,成为一个生命体。这个0.12像素的暗淡蓝点让宇宙为之闪烁,也让整个宇宙开始闪烁。至少目前来说,我们是宇宙中唯一有意识的生命,如果没有这一暗淡蓝点,宇宙就是一片死寂。

古代中国人很早就萌生了这种宇宙意识。唐代诗人张若虚曾在《春江花月夜》中写道:

> 春江潮水连海平,海上明月共潮生。
> 滟滟随波千万里,何处春江无月明!
> …………
> 江天一色无纤尘,皎皎空中孤月轮。

这首诗在提到宇宙的时候,马上又讲到时间。张若虚用的是问句,却没有回答:

> 江畔何人初见月?江月何年初照人?
> 人生代代无穷已,江月年年望相似。
> 不知江月待何人,但见长江送流水。

我们在讲人类的无意义时,实际上有两重感受,一是人类在空间上的渺小,二是时间上的无意义——我们所承担的厚重历史,上下五千年,在时间长河中也不过一瞬,甚至一瞬都不是。不仅空间上无意义,时间似乎也静止了,仿佛在浩瀚宇宙之中,哪有什么时间,哪有什么历史,哪有什么值得我们去牵挂的。

我对《春江花月夜》的解读不一定准确,但是我想假借张若虚的诗句来展开讨论。当思念、历史感被冲淡,我们只看见流水,于是开始怀疑真的有"初见月"或者"初照人"吗?我们从第四非人称的视角、宇宙的视角来看待人类,不免怀疑我们所牵挂的你我他,我们所悔恨的历史,都没有太多意义了。

小大之辩是一种个人的生命与普遍原则之间的辩证关系。不管普遍原则多么浩大,多么绝对,总有小的一面、私人的一面、微妙的角度,让个人的生命成为一种具身的现实,因为只有有限的身体,才配拥有生命。事实上,每个人都承载着宇宙的奇迹,这不是隐喻,而是事实性的描述;每个人的意识都是宇宙的奇迹,让宇宙为之闪烁,这不是诗意的语言,而是客观的描绘。

我们要记住,无论是艺术家,还是哲学家、科学家,抑或每个个体,都应该不断地在小和大之间腾挪,转换视角以求"真"。如果我们从这个角度理解自己,理解自己的生命,理解求真的追求,而不是将自己埋没于空洞的、消耗生命的虚幻追求中,生命才真正具有意义。

当我们走向社会时,我们不要过度夸大自己的困难或者不公正的待遇,也不要过多地蔑视自己的成就。我们都应该致力于做一个平凡但是大写的人。很多人会忘记社会之大，有各种各样的空间允许每个人自由发挥，有人又会忽视社会之小，在这样大的场景中，平凡才是终极真理，个人生命的体验才是最宝贵的。关注自己的意识，关注意识内容的修缮，让自己纯洁地感受世界。大家要相信自己的渺小不是卑微，因为恰恰是渺小的个人能凭借心中的道德律，媲美浩瀚的星空。我想这才是小大之辩的至理。庄子、薛定谔及暗淡蓝点，指向的可能都是这个道理。

作为最后一课，和大家分享了一些稍微有点儿空洞的大道理。事实上，对我个人来说，这完全不是空洞的道理。刘备在去世之前跟他的儿子刘禅说"勿以善小而不为，勿以恶小而为之"，实际上也是小大之辩，这是值得我们深思的道理。

在有限中寻找无限

这堂课的结尾，我照例邀请学生提问。

学生 A：从这颗小小地球上的复杂的生命史来看，我们这个种群，智人，能够走到今天这一步，能够像我们今天这样坐在这里聊这样的问题，是一件非常伟大的事情，甚至简直是一种可以称之为奇迹的事情。我想，从意识演化的起源来看，最早的意识可能就开始于对于世界的感知，还有对于外物最原始的评价性的感受——我喜欢它，我讨厌它。当我们能够了解其他有限的生命到底是以怎样千奇百怪的姿态，以怎样丰富的策略努力地生活在我们共同的这个小小的世界上的时候，我们作为人类，可能更能够感受到生命本身真正的意义究竟是什么。

> 你说得非常好，这确确实实是一个奇迹。不只是我们的课堂，每一所大学的每一堂课都是一个奇迹，因为我们是在不追求任何外物的目的性的情况下以一种纯粹的方式交流。从人类意识发展史的角度来说，这是一种"apex"，一种顶端，一种宇宙的奇迹。

学生 B：我有一个很具体的问题，您在提到人类和宇宙之间的小大之辩时，我想到了一个非常具体的、私人的烦恼，比如保研和考研，它们到底是有意义的还是无意义的？在什么层面上是有意义的？它们存在的合理性，或者说它们存在的价值是什么？我觉得它们只有作为人生体验的一个不可避免的存在时才有意义。

> 我觉得这个问题只能你自己回答，没有标准答案。总有人针对一些事发表"这件事根本没有意义"或者"做这件事很可悲"的论断，我不这么认为。我觉得要看个人的追求，你的热忱和志向。大家并不是都要成为科学家、哲学家，或者是搞学术的。我一直相信职业没有高低贵贱之分，每种职业都有其局限性。你要清楚考研的局限性，看你愿不愿意在这种局限性之中充分发挥个人的才能，充分表达自己的热爱，这才是真正的问题。如果你把要不要考研的问题外化，把它当作一个外在的问题："我是不是应该考研呢？考研是不是有意义呀？"我觉得这在方法论上就是错误的。

做任何事都离不开"真"。如果生活于一定程度的自我欺骗之中，那就是在消磨自己的生命，是对自己生命的不尊重。"真"是一种基于深刻的自我体验的东西，你要追问自己，如果你觉得考研没意义，那就不要做；如果你觉得自己的志向需要经由考研实现，那你就应该勇往直前，不计后果。实际上任何事情都是这样的。

第七章

拥有生命深处的豁达

一个简单的事实是,

死亡只不过是一个属于自然的过程,

我们不会遭受死亡,

因为死亡不是"我们"的。

2024年7月22日，是我和年轻人对谈的第八天。这一天，她问了我一个普鲁斯特问卷中的问题："如果死后有来生，您觉得自己会变成什么人或物？"

我的答案源自一首诗，诗的作者是古希腊哲学家恩培多克勒，传说中他跳入埃特纳火山而死。我尝试用接近荷马游吟诗人的音调朗诵了这首诗。

ἤδη γάρ ποτ' ἐγὼ γενόμην κοῦρός τε κόρη τε
θάμνος τ' οἰωνός τε καὶ ἔξαλος ἔλλοπος ἰχθύς.

第七章 拥有生命深处的豁达

> 我曾经是一个男孩,
>
> 　一个女孩,
>
> 　一片灌木丛,
>
> 　一只鸟,
>
> 和一条跃出海面的、沉默的鱼。

古希腊语中,恩培多克勒的措辞很有意思,他没有说我"或许"是,而是用了我"曾经"是。我想,我也希望自己能成为一条跃出海面的、沉默的鱼。我不害怕变成鱼。在海里,小鱼可能被大鱼吃掉,也可能被人类捕捞,被制成刺身后摆上餐桌。我不害怕这些,我觉得这件事就应该是这样的——它反而是文明的象征。

处于食物链顶端的人类为什么不愿意在死后回到食物链的底端,去感恩,去回馈呢?鲸类死后会沉于深海,反哺海洋,鲸鱼的尸体是海洋生物最重要的食物来源之一,可以给许多生物提供一整年的食物。

看到生命完整的价值

生病后,我重看了 1993 年上映的影片《天劫余生》,它根据真实事件的回忆录改编而成。1972 年,一支乌拉圭的橄榄球队搭乘飞机赴智利参加比赛,飞机在安第斯山脉上失事,20 多位幸存者面对冰天雪地的生存环境,竭尽全力,只求活着走出死亡之地。他们起初满心等待救援,却只能绝望地面对现实,食物日益减少,还遭遇数次雪崩。经过讨论与挣扎,他们开始尝试做一些原以为不可能做的事——分食同伴的尸体。飞机坠毁 70 多天后,活下来的 16 个人终于走出死亡之地。

> "你认为人类有灵魂吗?"
> "有。"
> "你认为人们死后,灵魂会离开肉体吗?"
> "当然。"
> "那么,灵魂离开后的尸体只是一堆肉,应该可以吃。"
> "如果我死了,我的躯体能帮助你们活下去,我希望你们吃掉它。"
>
> ——《天劫余生》

前文提到的澳大利亚女性主义学者普鲁姆伍德在遭遇鳄鱼后,坚定地认为自己在鳄鱼的眼中不过是食物。鳄鱼和其他可以夺走人类生命的生物考验了我们对生态身份的接受程度,即我们是否接受自己作为食物链的一环,而不是维持在食物链的顶端。

我们知道食物的重要性,知道食物的意义,靠吃什么样的食物表征我们的地位和人格,同时我们又极力否定食物作为食物真正的意义。什么是生态?什么是环境?不过是食物链而已。因此,普鲁姆伍德在从鳄鱼的口中逃脱后,数次强调:我们生他者之死,死他者之生。这说明什么呢?当我们吃鹿肉的时候,鹿贡献了它的身体让我们生,而当我们或者其他动物死后,我们也贡献自己的身体,让其他生命活下去。所以人的死亡作为一个事件置于生物链中,并不是像大众想象的那样,是孤独的、充满危机的、绝对的终点。生和死是相互链接的:我的死是别人的生,别人的生恰恰是以我的死而体现的。如果这样想,我们的生命是很伟大的。

这一观点同样引发我对传统丧葬文化的反思。人死后是否被放进棺材埋入地下,从结果上看没什么差别,尸体还是会逐渐被微生物分解。在棺材和文化的包装下,把自己置于自然之外,显然是自私的行为。

除了传统的土葬、火葬,也有逝者选择将骨灰撒向大海。在《额尔古纳河右岸》中,鄂温克人会选择四株相对而立的白桦树,将木杆横在树枝上,形成一个四方的平面,然后将逝去的人置于其上,再用树枝覆盖,这是他们的风葬。在大自然中生息的民族保持了这样的传统,在族人离开世界的时刻,以一种感恩的方式把自己的身体贡献给大自然,我想这是一件充满温情的事。

化作春泥更护花

"落红不是无情物,化作春泥更护花。"如果这首诗的意象能变成客观事实,人们都很乐观地让植物、小动物等看似与自己毫无关系的新生命,因自己而获得生命,那该是件多么美好的事。而我们现在对"死亡"的态度大多还是回避、恐惧。理想与现实仍然存在差别。

住进安宁病房的第七天,一位生命礼仪师小伙子走进病房问我,想选什么款式的寿衣、骨灰盒。我太过疲惫,全程没有说话,由家人代为沟通。其实我当时在想,人是赤裸裸地来到这个世界,所以我也想赤裸裸地离开,不用穿什么特别的衣服,有一条纸内裤遮一下,像亚当和夏娃那样,就够了。

如果我可以自由选择,我想用生态堆肥的方式完成最后一步:在微生物的作用下,将我的遗体转化为营养物质丰富的有机肥料,用来滋养花草树木。当下没有现实条件实现我的想法,我也只能尊重父母意愿,选择最大众化的丧葬方式——火化。

从"回避死亡"到"庆祝死亡",这种转变将是一个漫长的过程,我的私心是希望这本书能在启动这一转变的过程中贡献一份力量,算是迈出第一步。美国第一个批准人体堆肥的是华盛顿州,后来纽约州、科罗拉多州等十余个州都加入进来。我相信这种丧葬形式在中国也可以推广开来。

"我曾经是一个男孩,一个女孩,一片灌木丛,一只鸟,和一条跃出海面的、沉默的鱼。"当鱼变成鸟,鸟也会变成男孩、女孩、灌木丛,然后又回到沉默的鱼。

你可能会觉得不可思议,对普通人来说,一生中很难出现这样的瞬间,去相信个体的死亡其实是为"类"的存在做出贡献。小我很难被完全摒弃,也不需要被完全摒弃。但是我们应该知道,我们并不仅仅是"小"。

特殊的小我是物质的我,带有物质类的种种偶然性和事实性。大我则是由纯粹意识对偶然性和事实性的否认和剥离所揭示的关于我的必然性,这种必然性也就是自由。美国哲学家托马斯·内格尔把大我称作"客观自我",或者"脱离视角的视角"。这种真正的自我带有普遍性,因为它与内格尔没有任何特定或者必然的联系。当一个人开始试图超越自我意识中所有的偶然性,试图把内格尔的意识和视角普遍化,其所得到的结论和观点,即使依然是内格尔个人的观点,它所代表的超越和脱离视角的视角性,也是所有由小我演绎出来的大我的共同特征。

我们都害怕主体的消殒,认为死亡一定是"我"才能经历的,没有人可以替"我"来经历死亡。事实上死亡是没有主体的,就像蛹变成蝴蝶,它是一种"大化流行"。庄子讲"方生方死,方死方生",事物自生之时就开始慢慢走向死亡,反之同理,事物死亡的时候也意味着生的开端。万事万物正在不断地出生成长,也在不断地死亡消失。

蛹变成蝴蝶——你不能说"蛹死了,蝴蝶生了",它们之间的关系是一种"大化流行"。如果你已经像蛹一样变成蝴蝶,你也就不能再追问"蛹该怎么办"。蛹已经不存在了,这种不存在其实就是生命的更替。同理,"沧海桑田"也不应该理解为沧海变成了桑田,沧海并不是主体。

《庄子》开篇说的"化而为鸟"也是在讲死亡无主体的特征。鲲化为鹏代表了构成自然的一切事物的生死循环。从"化"的角度来看死亡,当鲲变成鹏时,鲲死了吗?并没有。鹏的出现是以鲲的退场为前提的,鲲既没有死亡,也没有在鹏之中继续它的生命。事实上,鹏已经取代了鲲,自然在转化中发挥着它的作用。一个简单的事实是,死亡只不过是一个属于自然的过程,我们不会遭受死亡,因为死亡不是"我们"的。

伊壁鸠鲁曾在《致美诺西斯的信》中说:"一切恶中最可怕的——死亡——对于我们是无足轻重的,因为当我们存在时,死亡尚未来临,而当死亡来临时,我们已经不存在了。因此死亡与生者和死者都不相干。因为对于前者,死亡还未到来;对于后者,一切都已不再。"我们总能用两种方式看待自己的生命:一个是第一人称视角,另一个是第三人称视角。从第一人称视角来看,死亡是令人恐惧的。但这种第一人称视角很可能是一种幻想,它令个体认为自己的生命是独特的,在历史和宇宙中无法复制。第一人称视角是一种对个体生命的非理性的强调。如果从第三人称视角,即旁观者的视角看待自己的死亡——我的死亡其实没有意义。伊壁鸠鲁学派经常讲这方面的悖论,即我们惧怕死亡的方式在逻辑上是不一致的,我们设想自己的尸体被豺狼撕咬,想象自己的孩子被遗弃,得不到家的温暖,可这些东西都是一种认真的想象,你不能用第三人称的角度看待自己的死亡,那跟"你"没关系。

其实我们都知道,自己的死亡对浩瀚宇宙的影响微乎其微,甚至不会在水面上激起一层涟漪。我相信,即使我前一天死了,后一天我最好的朋友甚至家人都能正常地继续生活,没有人深陷于我的死亡,而且我认为他们也应该这样。如果你是我的朋友,如果我死了,我希望你能继续快乐地生活,因为死亡这件事情没什么大不了的,死亡是生命的本质,我们没有损失任何东西,甚至我的死亡会给环境带来贡献。

面对家人的离世,或许也是我们每个人的"死亡练习"。我奶奶去世时,我非常难过。她是在78岁那年离开的,没有经历太多痛苦,总的来说,这已经是一件值得庆贺的事。我觉得生者对亲人的离开感到悲痛是很正常的,悲痛持续也很正常,但是如果因此陷入无休止的悲痛,让自己生命中的一切都被悲痛笼罩、控制,在我看来,这就是对自己生命的不负责。

从个体角度来看,或许我的生命重于泰山,而从更大的格局来讲,我的生命虽不能说是轻如鸿毛,但它是世界轮回的一部分。既要小,又不能忘记大;既理解了大,也不要藐视小的意义。因为我们都是很普通的人,每一份普通的情感都是珍贵的、值得去珍视、值得去关怀的。

卢克莱修在《物性论》中还有一段这样的表达:"现在将再也没有快乐的家庭和世界上最好的妻子来欢迎你,再没有可爱的孩子奔过来争夺你的抱吻,再没有无声的幸福来触动你的心,你将不再在你的事业中一帆风顺,也不再能是你家庭的保护赡养者。"这是卢克莱修在嘲笑我们不能理解死亡,也正是这些不理解导致了我们对死亡的恐惧。当我们想到自己的死亡时,我们会想象自己正在遭受痛苦和损失。一方面，我们似乎明白，当我们死了，我们就不复存在了。另一方面，我们又不理解因为死亡和自然的变化一样没有主体，所以我们无法遭遇死亡。事实上，没有人死去，死亡只是轮流发生在每个人身上。

孔颖达在疏解《礼记·中庸》时曾解释了"变"和"化"的区别：初渐谓之变，变时新旧两体俱有；变尽旧体而有新体，谓之化。"变"指的是逐渐变化的初始阶段，新旧实体在某种程度上共存；一旦过程完成，旧的被新的完全取代，这种变化就被称为"化"。当死亡发生时，一件事会整个瞬间消失，另一件事会出现，旧与新之间没有中断。

我不知道是否会有人反对孔颖达简单而优雅的解释。其主旨无疑是合理的："变"指的是一个持续的变化，即一个事物或一个主体经历了一定的变化，而并不终止自己的存在。相比之下，"化"不仅改变了属性，而且消除了主体。因此，化可以被称为"不连续的变化"。

不连续的变化不同于变化的不连续。在不连续的变化中，被终止的是事物主体，而变化本身并没有被停止或暂停。换句话说，即使在变化载体或者其原始主体不再存在的前提下，变化本身也可以继续下去。

我相信"死亡"是"化"，而不是"变"。作为不连续的变化，"化"又是否代表着一种大自然本身的"我"？对于这个追问，我也还没能很好地解释。但或许有一天，人们面对死亡，第一个想到的会是广义上的"重生"，而不再是恐惧与幽暗。

第八章

对话是最好的告别方式

什么是爱?

爱是关怀,

是主体的一种主动的退场,

是一种利他的自我成长。

爱是主体的退场

年轻人：我（或者说很多年轻人）总是会思考什么是爱，到底应该怎样去爱一个人，两个人如何一起度过有限的生命。您怎样理解现代人的爱情呢？

> 爱情不是我们想象的那样纯洁无瑕，而是一个非常复杂的现象。年轻时，当你被家庭和事业的冲突等现实问题裹挟的时候，你可能会感觉不到爱情的存在，但是那种爱是值得回味、值得经历的。我从来没

有后悔过，关键是要有爱。如果是纯粹为了工具性的目的去做一些世俗上你认为该做的事，我觉得是没有意义的。比如你因世俗观念和眼光而结婚生子，那是工具化的，我们要超越这种工具化的思维方式。

我觉得爱情是为他人而活着。人类的恋爱关系就是关怀，主体的一种主动的退场，也是一种利他的自我成长。像德国心理学家弗兰克尔曾提出意义疗法，指导当事人探寻生命的本质和意义。爱就是一件非常有意义的事，不要躲避爱，要拥抱爱，让自己被爱包围，然后尽量用自己的爱去感染别人。

年轻人：关于爱情，我们有时也会使用另一种表达体系，与利他相悖，是一种占有，就像电影《新桥恋人》里面那样，他们一定要彼此占有。

> 占有也是爱的一部分，并不冲突，反而更有张力。爱是复杂的。占有欲带有主体本身的侵略性，强调排他。没有占有欲的爱，我会怀疑它是不是真的爱情。

年轻人：您怎么理解浪漫主义的爱情？

> 浪漫主义是一场伟大的思想运动，在历史上做出过积极的贡献。这让我想到拜伦，他是我心中的英雄。1810年，22岁的他曾为了缅怀一对希腊神话中的恋人，单枪匹马横渡赫勒斯滂（今达达尼尔海峡）。他为希腊争取自由的斗争做出了贡献，前往希腊的决定让他付出了生命的代价，也使他成为浪漫主义英雄。但是在我看来，他的个人英雄主义色彩仍有一定偏颇之处。这当中有太多"我"在里面。

年轻人：您说拜伦是您现实中的英雄，我想追问一个普鲁斯特问卷中的问题——谁是您心目中小说里的英雄？

> 《呼啸山庄》里的希斯克利夫，他的人物形象有深度、有复杂性，残忍，有占有欲，当然有时又是无私的。他和凯瑟琳的爱超越生死，至死仍然在一起。这种爱情带来的是一片血迹，走过的是荆棘的道路，留下的是各种各样残忍的"遗产"。但我们不得不承认，

正因为他的疯狂、独立、残忍、奉献，他才是一个伟大的（虚构作品中的）爱人。

年轻人：我觉得一个人能够被视为英雄，一定是具有某种感召的力量，为我们不可为之事。您觉得希斯克利夫身上也有这样的特质吗？

> 他的爱带有偏执性，疯狂且忠贞不渝。其实对于任何我们视为事业的事，我们都要有这种坚守的态度，保有一定的偏执、疯狂，以及勇往直前的、忠贞不渝的爱。

读书是最好的捷径

年轻人：我们这一代大学生很多时候会感到迷茫，不知道自己在大学里要做什么，甚至现在出现了一种趋势，年轻人一进入大学，最先要知道的不是自己想读哪些书、学哪些知识，而是要先给自己做一个规划，比如我毕业后是去考公务员,是读研,还是出国留学,这是我身边的一个现象。您觉得上大学对一个个体来讲,它原本应该承载的意义是什么?

| 我的孩子也马上就要上大学了,我曾经问他能不能考虑不上大学,他惊呆了,因为他发现我的确是在认真地和他讨论不上大学的可能性。事实上,大学只是一个特定历史阶段的现象,也许未来的某一天,它会消失。古代社会没有大学,现在的大学源自19世纪的德国文化。1810年,第一所现代化大学柏林大学(今柏林洪堡大学)成立,著名教育学家威廉·冯·洪堡创造了"柏林大学模式",弘扬"科学、理性、自由"的精神。洪堡将"大学自治""学术自由""教学与科研相统一"作为现代大学的"三原则"写进了学校章程。

大学和所有的社会机构一样,有一定的要求和期待,你得去满足它。至少到目前为止,上大学还是给年轻人提供了一个巨大的机会以社交、看世界,拓宽

自己人生的维度。当然，上大学不是目的，毕业也不是目的，目的是读书、开阔自己的思维，让自己变成大写的人。

读书永远是最好的捷径，向别人学习，听优秀者的意见，慢慢地，你的眼界会发生很大的变化。用我病房清洁工的话来说，那时你说出来的话就是"谈吐"，而不是"吐痰"。

年轻人：您说读书是一种捷径，那么您走过弯路吗？

肯定走过，每个人都会走。走弯路不是坏事，遇挫折也不是坏事，但是无谓地消耗生命，浪费时间是坏事。我小时候非常讨厌学习，觉得学习很没意思，不是因为学霸的烦恼，而是学渣的自我安慰。直到后来，我15岁上大学，开始自己翱翔，"翼装飞行"。大学期间我也不怎么去上课，而是成天到晚地读书，最快一天就能看完一本。

我在教育孩子时总是画大饼，从来不教他们细节该怎么做。细节上，他们自己做肯定比在我的指导下做得更好，但是我希望你们不要忘记这种大饼，人活着不是为了自己，而是为了给环境和社会，给弱势群体做贡献。让每一天活得有内容，积极地改变，让世界更美好，这就是我的大饼。

年轻人：所以其实每一个人，他活着还是应该给自己画一张有价值的大饼。

我个人认为父母指导孩子应该不断地真诚地画大饼，而不是去教那些细枝末节的处世之道。小孩比你聪明，小孩知道的比你多，小孩知道怎么应对，即使不知道，你也教不会他。但是要让他走正道，要让他与人为善，"勿以恶小而为之，勿以善小而不为"，这就是我的大饼。

在重复性的工作中找到精神的自由

年轻人：我们先前曾谈到，苏格拉底认为"练习死亡"就是摆脱肉体的羁绊，让灵魂一步步得到解放，追求真理，追求精神自由。在这一层"自由"的意义上，对一个不以思想工作为业的人来说，该如何在重复性的工作中找到精神的自由？

> 和大学一样，工作也是一种现代社会现象。它是在理性社会特殊的经济架构下构成的一种生产方式，它在现代社会之前甚至是不存在的。当代人的人性中内含的恐惧不仅是非理性的，而且是毫无趣味甚至有些浅薄的。比如，我们关于工作的恐惧总是很狭隘：怕找不到工作，找到了工作又怕丢了工作，怕没有安身之处。这种恐惧在我看来正是马克思所说的劳动的异化，即把个人的自主活动贬低为维持肉体生存的手段。事实上，如果只是寻求肉体的生存，那是再容易不过的。至于精神的自由，需要每个人自己寻找：了解自我，调节欲望，真正了解自

己人生的意义是什么。

人生的意义在于不确定性

对现在的我来说,知道生命的终点在哪里是一件好事,不知道终点在哪里也是好事。我都会如常地生活,我已经比较清楚我生命剩下的时间不会超过一个月,但是具体是哪一天,我们谁也不知道。如果你知道明天是什么样的,明天可能就会失去意义,变得无聊。所以,未知不是一件坏事。未知让我们保持好奇心,未知不是恐惧,它恰恰是让我最兴奋的东西。就像我先前说的,大部分科学家、哲学家和追求真理的人,都是不断地开拓未知。

年轻人:我朋友曾问我,如果有人能告诉我未来具体是什么样的,我想不想知道。我想了很久,觉得我不想知道。我的"不想知道"包含了一层害怕在里面,我害怕未来是不好的,如果有人确切地告诉了我,我还要为这个不好的未来筹划,我觉得没有意义。如果命运终将到来的话,我不想提前为它准备什么。我不知道您会怎么考虑?

> 我也不想知道,我觉得生命的意义在于不确定性。如果一切都确定了,那还有什么意义?在我看来,不确定性是生命的活力、激情、爱、关怀……一切的来源。如果生命是确定的,那么你只能接受,就没有选择的空间了,谈不上自由,谈不上翼装飞行,更谈不上骑马了。

年轻人:您会怎么看待占卜呢?年轻人很喜欢占卜自己的未来,向塔罗牌、八卦、星座寻求解答。比如我身边有不少朋友有时会希望从占卜者那里求问自己事业的走向,或者可能会在多少岁结婚,等等。我觉得占卜背后可能存在一种焦虑——"我不知道未来是什么样的,或者是我害怕未知,所以我想要根据这个结果规划我的生活"。

> 我不太理解占卜的意义何在,但就像你说的,借此规划生活,作为一种生存的策略应该是有其意义的

吧……可是占卜真的能告诉你命运吗？你的命运真的能够被揭示吗？我觉得这是一种游戏。游戏可以认真地玩，但终归是游戏，就像欧洲杯一样。我两三周前还可以熬夜看欧洲杯，但现在没有精力了。它就是一种生活的乐趣，是一种想象——捧起一个奖杯。

年轻人：您觉得捧起奖杯是一种想象吗？我不觉得。

像《人类简史》上面所说，当我们大家认同这种价值的时候，它就有意义，比如钞票，它本来毫无价值，当大家都对美元没有信心的时候，它就是废纸，但是当所有人都认同它有价值的时候，它就有价值了。

大约100年前，荷兰历史学家约翰·赫伊津哈在《游戏的人》一书中提出了一个有趣的观点，他认为除了劳动人，游戏人也应该在人类的命名法中占有一席之地，这个概念早在柏拉图时期就已发迹。从某种意义上讲，欧洲杯和占卜都是大家认认真真地玩的游戏，这时的我们就是展现了游戏人的一面。每个人的两面之间相互交流，所谓"一张一弛为之道"。我看欧洲杯的乐趣也就在于快乐本身，在于"大家高兴，我也高兴"这样的同喜同乐。

高欲望、低内耗的人生

年轻人：对于您来讲，人生中最迷茫的阶段是什么时候？

> 中年。那时面对家庭与事业的冲突，不再对生活掌有完全的自主权，在照顾孩子和工作之间完全没办法取得平衡，大部分时间都在接送孩子、通勤的路上，工作的安排被打乱。当时最直观的感受就是时间不够用，只能看到糟糕的交通，每次送孩子上学要迟到时，都会觉得糟透了，孩子要迟到了。但是现在回看，才发觉那是一种不必要的迷茫，现在，能看见孩子，我都会觉得太幸福了。

年轻人：现在有很多人担心，生孩子但没有足够的能力培养孩子是自私的选择。您当时有这种顾虑吗，后来是如何打消它的？关于和孩子相处，您有什么想聊聊的吗？

> 生第一个孩子的时候，我满心期待，第二个孩子出生时，大儿子也才三五岁的年纪，那时我还在跟小朋友磨合，所以我有时会陷入自我怀疑。那时我想象不到他们长大后的模样，眼中只有拥堵的交通，以及感觉自己的时间彻底不够用了。但是，这种疑虑和担忧会随着时间的推移逐渐消散。
>
> 关于孩子的教育，我觉得自己确实可以给大家一些建议。
>
> 第一点，培养孩子的自尊。一个人的尊严是永远不能放下的——永远不要允许别人践踏你的尊严，也不要允许自己在任何时候放弃自己的尊严。
>
> 第二点，要读万卷书，也要行万里路。

第三点，不要为自己活着，要为社会、为他人活着。

还有一点很重要的，就是要从小提醒他，注意培养自己的外在形象。在公共场合，他需要知道怎么样选择恰当的行为举止。

第五点，做一个灵魂有趣的人。

第六点，时刻尊重他人，不管他是谁，高官也好，清洁工也好，尊重所有人，人没有高低贵贱之分。

对父母来说，一定要相信孩子比大人聪明，孩子的接受能力比大人强，所以不要在言语上伤害孩子，而是要充分相信他们。大人需要明白，看见孩子受挫折不是坏事，但是要保护他们，提醒孩子谨慎交友，不要跟坏人打交道。

很多父母不理解为什么孩子会撒谎，事实上那是很正常的，撒谎是智力发展的一种表现，但是不要让孩子自我欺骗，对自己撒谎比在社会场合下撒一些小谎危害大得多。

父母和子女之间更要讲诚信，如果父母要求孩子今天只弹一个小时钢琴，就可以做自己想做的事，那父母一定要履行诺言。孩子是否履行，父母不用管，也不用监督，不用去窥探他的隐私，必须尊重他的隐私，但是"兑现"的时候，如果孩子没练琴，他自己自然没话说。对于事先约定好的事，如果孩子没有做到，那是孩子自己做出的决定，而不是父母的决定。主体是孩子，而非父母，父母只是监督人。因此我们一定要尊重孩子的尊严，要相信孩子，允许他犯错，但是要帮助孩子建立诚信的、不自我欺骗的习惯。如果孩子跟你说他去写作业，实际上并没有，那么孩子就是在自我欺骗。我会对孩子说："你骗我无所谓，但是你既然说了要做一件事，你应该尊重自己的言说。"

很多父母会偷偷翻孩子的日记，用一种威权的方式检查孩子是不是用功读书,我觉得这是不对的。你可以告诉孩子:"我之所以不干涉你,是因为我信任你。"和孩子打交道是非常难的,我和我的孩子也磨合了很久,父母和孩子都在学习。不要说"我这样做是为你好",要将孩子的意志放在第一位,尽量满足他的要求,以他为骄傲。要学会尊重孩子,也让孩子学会尊重你。如果父母讲话没有诚信,孩子是不会尊重你的。

年轻人:如果现在您可以重返课堂,您想给学生哪些嘱托呢?

第一,人生没有迈不过去的坎儿,包括死亡。第二,要时刻记住为社会做贡献,不要为小我所困。第三,要与人为善,不能踩着别人的利益获取自己的利益。我告诉我带的硕士生和博士生,做学问就像苦海行舟,需要强大的毅力,不适合所有人,甚至可以说对大部分人来说都不适合,但是一旦选择了这条道路,你就必须主动地阅读大量的各种各样的图书,你迟早能从这种艰辛中体验到精神的满足和升华。

我在上课期间发现"内卷"与"躺平"似乎是困扰大家的共同话题。2024年6月23日，我在中国人民大学的毕业典礼和学位授予仪式上谈了谈自己对此的想法。

在我看来，"内卷"是欲望的博弈，"躺平"则是欲望的消磨，代表着一种低欲望甚至无欲望的生存状态。这似乎是一个虚假的两难选择。因为我们只要简单地了解欲望机制背后的一些道理，我们甚至可以设想出第三种情形——一种高欲望、低内耗的和谐社会。

法国哲学家勒内·基拉尔设想过这样一个场景：小男孩走进他的卧室，尽管满屋子都是玩具，但是他不知道该选哪一个，无聊之中他随便拿起一辆玩具车。在小男孩正要放下这辆车去拿另一个玩具时，他妹妹走了进来。妹妹看见哥哥手中的车，就向他索要，但是哥哥不愿意给她,于是两个人发生口角,甚至起了冲突。

这就是基拉尔设想的一个前瞻场景。在基拉尔看来,这里面所包含的道理实际上是一种成人和儿童共有的欲望机制,即我们大部分的欲望是因社会模仿产生的。小男孩本来不在乎这辆玩具车,但是因为他妹妹想要,所以他不想放手。小女孩也是如此。也就是说,当我们不知道我们想要什么,当欲望跟事物的价值出现脱钩时,一个很随意的外在机制就可以导致这种欲望冲突,甚至引发战争。这是基拉尔的一个核心思想。

让我们来设想一下,所谓的"内卷"是不是属于这种模仿欲望机制下的情形。我个人觉得,我们之所以"内卷",并不一定是因为我们人多,也不一定是因为资源少,而恰恰是因为我们的欲望被外在的机制单一化,于是我们就像那对兄妹一样,对某一事物进行无谓的争斗。

相反，如果我们知道自己想要什么，真正联结自己的欲望和事物的价值，也许我们就可以自然地实现欲望的多元化。而当一个社会的欲望多元化之后，所谓的资源的稀缺也应该会相对缓解，人与人之间的冲突也会相应地缓解。所以并不是说在内卷之外，只有低欲望或者无欲望，而是我们可以通过对欲望的培养、发展，以及对欲望机制的自主性改造，进入一个高欲望但低内耗的大同社会。

最后，祝愿大家以后无论发现自己在哪里，是在中央还是在地方，是在中心还是在边缘，是高还是低，是大还是小，是抟扶摇直上九万里，先图南，后适南冥，还是振飞不过数仞而落地，翱翔蓬蒿之间，尽显"彼且奚适也"的风流或怡然自得，都能找到属于自己的一片天空，并且凭借你的善良、智慧和坚韧不拔，使那片天空因为你而灿烂，因为你而闪烁。

后记

我想对你说

朱锐,我想在你的名字前加上"亲爱的",就像我们上大学时通信那样,但我又觉得应该加"敬爱的",因为最后20天,你不仅是我亲爱的弟弟,更是我敬爱的老师。

你知道自己时日不多,躺在床上,你的整个手臂全然放在我的手臂上,叮嘱我:"你要好好地活,健康长寿。"我让你放心:"我会的。你会活在我这里,更会活在孩子们那里。我会不断与你交流新发生的事。"

现在，让我们从你病重期间共度的时光聊起吧。

重温山水

那天我提到，尿量是一项重要的生命指标，从现在起我们要关注它。你忆起曾在尼斯读到当地日报上一篇关于公厕的报道，题目是"我尿，故我在"：在法国的火车站或图书馆，如厕需要投50欧分，大家上完厕所都会小心翼翼地不把门关紧，以方便下一位。你感慨这算是公民社会团结精神的体现。我笑叹，尿不仅是生理指标，还是哲学、政治、社会的参数呢！还有更多旅行故事吗？

哲学家的最后一课

150 /

你先后讲起捷克、希腊和冰岛。

你曾在捷克误乘女性专用车厢,列车员和车厢中的两位女士交谈几分钟后便离开了。你和这两位乘客聊起来后才知道,原来列车员在问她们是否介意你坐在这里,她们都说不介意。她们中的一位是捷克著名演员,她曾到访扬州,参加一座美术馆的开幕仪式,另一位来自乌克兰。女演员下车后,你和这位乌克兰的乘客聊了很久。她满脸沧桑,言语中透露着悲伤和无奈。你说她有点儿像你在希腊遇到的阿尔巴尼亚人,那是你又一次真切地感受到生活的艰辛。

希腊是你的精神故乡,你去过多次,也曾带学生去当地短暂学习。你数次说起当年斜切古崖壁的点滴体验。十多年前,你曾小住莫奈姆瓦夏,那里离斯巴达不远,也离希腊神话的地狱入口不远。悬崖上的城堡极其壮丽,一座中世纪的修道院位于悬崖边,千百尺下面,是蔚蓝无垠的大海……

你说冰岛自古没有过对外战争,至今仍没有军队。冰岛语是最接近古诺尔斯语的，全球目前仅有约33万人在使用。"Gluggaveður"的意思是"窗之气候"，指从窗内看起来很棒，但实际上不好的天气。针对"窗之气候"，我们曾多次即景解读：地域与语言、物我、身心等是我们聊过的线索。那天我问，北京冬天狂风劲吹、阳光朗照时算是"窗之气候"吧？你未置可否地继续回忆——在冰岛登山时曾因大雾迷路，后沿河谷走出。你也曾开车绕峡湾，窗外深邃的峡谷颇有些吓人；本想下车后徒步登冰川，后因经验不足放弃。你感慨：接近北极，寒冷而荒芜，不见人烟，处处凸显"生命之峻峭与壮丽"。

你说火山爆发在冰岛很常见,那里洗澡的热水都充满硫黄味。十多年前埃亚菲亚德拉冰盖(Eyjafjallajökull)火山的喷发导致欧洲上空航班大乱,在播报这个消息时,世界各地播音员都遇到"Eyjafjallajökull"的发音难题。"Gætið ykkur, eldfjallið er að gjósa"的意思是"小心,火山喷发了"。你说,冰岛人常用"今天火山没喷发,真是无聊的一天"作为见面的问候语。

歇了一会儿,你给我看完飞机上拍摄的阿尔卑斯山脉后,又说起多年前每周往返华盛顿和芝加哥的飞行经历。时间久了,不免要遭遇"空中险情"。你说,有一次,飞机看起来要坠毁了,机舱内鸦雀无声,没有空姐执行紧急处理,舱内也没有广播声。所有人都在默默祈祷,你也是,但你随即放弃,感觉这样做是欺骗上帝,因为你从未祈祷过,一直以来也自认是无神论者。只有三个八九岁模样的小孩儿疯一样地狂笑:"妈妈,妈妈,这像极了过山车!"你说,当时自己只有一个念头,不要在逃生时不顾别人,让自己发现自己原来如此卑鄙。苏格拉底说过,卑鄙比死亡跑得快。你跟我确认眼神后强调:人不应怕死，但应怕在关键时刻发现自己不堪。

你饱含诗意地回首亲近日月山川、奇峰险谷的喜悦。偶尔，你徜徉于青山绿水的优美，更多的时候，你沉醉于苍茫冷峻、浩瀚辽阔之壮丽。你曾在暮色中独登古长城，在微信随发的感怀让不少人耳目一新："冷风吹着水汽，萧瑟寂寥，却没有怆然涕下的诗人忧郁。很开心周遭无人，一个人享受黑暗。更想能听见鬼哭的声音，毕竟脚下是古战场。"每每置身自然的锐思引人称你是"行走的哲学家"。

你说:"大自然之书,任我自由翻阅。"大自然是你的书籍,也是你的家园。童年你就成天野在户外,是森林植被让你早早就懂了生生不息吧,是家乡山水孕育着你的好奇吧,是故乡大地培植了你的勇气吧,是自然的滋养让你能坚持走与众不同、妙趣横生的路吧?那些曾跋涉的山水与你的精神世界交互辉映着,顺着你的忆念,我看到你是蓝天白云,是飞鸟古树,是层累巨石,又是河流入海。

一起读书

你说大自然能激活嗅、触、听等种种感知,登高能赋予你超越局限的开阔视野。其实,你一直都在兴味盎然地登高,你常常是在攀登思想高冈遇到"高反"时即兴走出书房,去攀越自然界的山峰。你是一个人去的,也是与思想碰撞者同行的。

比起群山,你领略更多的是历代先贤的思想高峰。大学起,你就如饥似渴地深潜于书的海洋,八年前的学术休假,你在家里废寝忘食地读书,竟坐坏了一把新椅子。读书思考是你的生命力所在,是你的生活方式,也是你与世界的连接。

安宁疗护期间的线上家庭会议,川川和恩恩说与爸爸"on the same page"(意见完全一致)。我愿意把这句话理解为:读同一页书。

你病后的每天中午12点,川川准时与你视频。除了说自己的大学日常,川川查阅你在美国发表的多篇哲学论文,就文中话题与你切磋。记得有一次,你们父子在探讨一个数学问题,交流的时间格外长,川川一边说一边书写演算公式,我不知道是谁在发问、谁在解惑,只见你多次为川川"点赞"。恩恩在你床前演奏一首首钢琴曲时,我感叹你们父子的心扉是和谐音符,是同一乐谱,又是共鸣乐器。孩子们告诉我,他们特别以自己的爸爸为骄傲,因为爸爸知识渊博,与他们畅谈理想,也教他们如何做人。

治疗期间,你日日坚持到奥林匹克森林公园走路,后来体能渐弱,你买了把折叠帆布椅,不时坐坐小歇。有一次你突发灵感,在公园的椅子上开启网络会议与学生们交流。一位已毕业的学生参与旁听,感动于你竟然清楚地记得她在校听课时提起过喜欢某一本书。

病痛中,你有时会闭眼听我读书。一次,我读奥尔多·利奥波德的《沙乡年鉴》,你说在美国的课堂上曾讲解过作者的文献,说着说着,你洋溢的青春光彩似乎照见昔日讲台。读着"一棵古老的大果橡不仅仅是一棵树,它同时也是一座历史图书馆,也可以说是剧场里的一个空座位……",我停下来对你说,你是我的弟弟,也是我的老师,还是随时可以请教的百科全书。你笑而不语,或许还停留在当年的教室吧。

每个人都必修"生命的最后一课",你置身这课堂时,是学生,是老师,也是一本书。通过揭示这段往往被隐藏的生命行程,你像行为艺术家照亮了人生最后旅程的上空。你的朋友说,不同于那些以颜料、文字、音符为原料的艺术家,你是用身体书写自己的作品,以生命为原料创造自己的世界。身边的医护人员也纷纷表达"感恩你的言传身教""你能在意想不到的地方发现喜悦""你能穿越逆境抵达繁星"。

与亦鸿对谈的一天下午,你声情并茂地跟我继续分享古希腊哲学家恩培多克勒、美国诗人玛丽·弗莱的诗,你再次朗诵并让我用手机录音,然后讲述自己对"重生"的理解,是"生他者之死,死他者之生"的生生不息、大化流行。这午后读诗会已刻入我生命深处,重塑着我。

对谈完成后,你格外虚弱,好像在平静地迎接最终时刻。想不到中学挚友九庆来看望你时,你又焕出清新,一边让他帮你移动身体,一边笑怪他介绍你读《三国演义》,致你入迷,误用了青春大好时光。当时,像是触碰了时光穿越按键,你仿佛秒回初中,高声大段地背诵着《三国演义》。我们浸润在读诵的欢愉中,无法想象三天后你会与我们永别。

你离世一个月后的教师节前夕,你未曾见面的哲学系师弟、《人民日报》记者宋飞和团队录制了一场"为了告别的读书会"。在你熟悉的哲学院楼前草坪上,晓力老师、京徽和学生们促膝交流着阅读体会与思考。大家为你留了把空椅子。那天,师生们起身离席时,一束阳光照亮了那把空椅子。听说这情景,我立即想到那"剧场里的空座位"。我觉得你仍一直与我在一起。有时,你像儿时捉迷藏那样呼唤着"姐姐!姐姐!我在这儿呢!";有时你习惯性地把左胳膊搭在我的肩上,提醒着我;有时,你在我身边的空椅子上撰写着未完成的书稿。

家庭会议

安宁疗护团队以专业和温情关怀患者的生命末程,也关心家属的身心、亲情的互动甚至修复。家庭会议由医护、社工召集家人与患者共同交流。

你的家庭会议在线举行。简述病程后,医生问你有没有想过"我为什么会得这个病""得这个病的为什么是我"。你坦言没有这个疑问,并解释说因果关系是你研究的专题之一,从因寻果相对容易,从果溯因则需要训练有素的人细致探究。我猜,医生是想了解患者有无否认或自责心理。从初诊起,你就直面病情并明确要求尽知实情。曾经,刚从麻醉中醒来的你在手术床上问了我三个术中问题——清晰、稳定、有力,你不曾纠结,只有面对实情的好奇和探索。

医生又问:"你想听我介绍死亡是怎么回事吗?"你果断说不想。我纳闷你为什么不好奇,但很快便反应过来,你不需要从医理或生理的普遍意义上获取死亡知识,你正在经历死亡、经验死亡,你有自己的亲证。

接着,医生预测你病情发展的可能,问你愿意采取的备选方案,你具体明确地一一回答。川川和恩恩说与爸爸"意见完全一致"(on the same page),父母和哥哥也完全尊重你的选择。

知道孩子刚刚探望过你,医生问我们的父母想不想来见你最后一面。你说当然想,但视频也是一种见面,你说自己一直享受着家的温暖，也将会在墓园回归父母身旁；爸爸妈妈年岁已高，不要辗转颠簸，哥哥代表父母来就很好。医生却坚持这个问题不能由你代为回答，而要听老人的心声。听到妈妈抽泣，你脸上浮现出难得一见的至柔，我仿佛听见每个家人心潮起伏。终于，爸爸沉着地说："朱锐，你曾把百分之一的可能变为百分之百的现实，目前你还有可能奇迹般地康复，我们期待。你妈妈和我通过网络得知你生病后，就一直想陪在你身边，只是未能得到你的同意。今天还是，我们的心一直与你在一起，只要你许可，我们随时动身到你身边。"

医护和社工们离开病房后，你舞动双手为家人点赞，感叹道："我们真幸运有这样的父母，年迈的老人能浓情而不失理智，实在难得；情感当然可贵，但我们不能陷入情绪的旋涡，需要理智来平衡，这样的情理汇融才是美善。"

那天我们一起翻阅了家的照片：你的家、爸妈的家、我的家。你逐一描述着家的窗外：来访的鹿与静谧的湖、古塔与新树。我知道你的栖居地在室内，又在窗外，未出席会议的自然万物也是你的家人,你还有许多精神家人。

开心道别

有单人病房后,你答应了几次友人约见。刘晓力老师、田平师姐、刘畅老师和剑华老师夫妇等专家,哲学院臧峰宇院长,"服务器艺术"的朋友们先后来到你的床前。你与大家分享"遗愿清单"的逐条落实;表达着对孩子的牵挂、对孩子妈妈的信任和感激;你向朋友介绍、解释父亲为你墓碑所题的六个字;你分享着双重喜悦,对你来说,多活一天或早点儿死亡都是可喜的。你对他们说,生命中最可宝贵的是真情,你特别享受这样的床前交流,死后就不举办告别仪式了。

暑假各返家乡的学生也相约前来看望。学生们汇报读书写作的最新进展,也聆听你的叮嘱:不要急躁,要善良、勇敢、坚韧;不要为小我所困,要关心他人、为社会做贡献。学院办公室的李京徽多次来探望你,至今还在细致高效地帮助解决多项你的身后事务。

每一次探访,都带来了鲜花,每一次道别,都见精神之树嫩叶如初、心灵之花悄然绽放。你细瘦的双手高高举起鲜花的图片见诸网络后,许多网友感动于你的神情,感慨着病房里的灿烂。

最后几天,你说想听朋友的声音。刘畅老师在路边录制了高歌,田平师姐发来她吹奏口琴的视频,并说想再去你身边吹奏,祈祷你康复的朋友们专门录制了合唱的《友谊地久天长》。

相信你和我一样,今天依然能听见,这天长地久的心灵妙音一直在空谷回响。

真爱河流流动

你病后,我们倍感老师、同学、同事及各师友的温暖和关爱。你病情急速恶化时,多方爱心更集中地向你汇聚,正是新朋旧友合力相助,你才能及时获得安宁疗护。海淀医院的秦苑主任接收了危急中的你。

认知专家朋友们关心你的精神遗产,共同商讨整理出版你的著作和思想,老师们和你的三位博士生专门为此组建了微信群。你向我抒发着对师生们的感谢,也笑着跟我解释,本以为更好的作品在后面呢,一直不满足于曾经的发表,坚持在思想上怀疑自己、挑战自己、更新自己,可惜这突如其来!我轻拍着你的手说,谨言才符合你视学术为神圣领地,你有这些精神家人,生命不会限于身体。

眼前这本书,是你病后最想完成的。听说病情可能突变,随时病危,你马上联系记者解亦鸿,邀请她与你对话。你希望借助这位年轻人,整合你的讲课内容,能与更多人交流对生死的思考和体验。你跟我说过,若不是为保护年迈的父母,从确诊那天起,你就会书写每天的体验并在网络上共享,觉得这是对生命的尊重和关怀。对话完成后,你欣慰地告诉我,一定程度上完成了心愿。

中信出版集团的主编韩笑、编辑陈紫陌和记者解亦鸿一起做了许多努力。她们为呈现你的思考搜集整理了许多你在别处的表达,她们为了作品的易读,屡屡尝试替代方案。她们让我看到什么是热爱生命、热爱本职工作。她们让我亲见你一直倡导的"不为小我所困,为社会贡献"。她们和宋飞都是你工作之外幸遇的精神家人。感谢你让我有机会走近这些生命之光。

朱锐,你是在丰沛的爱中离去的,你坦然镇静地迎来死亡,走时面带微笑。你知道自己不是一滴水,而是已汇入"超越小我"的真爱河流,置身"关心他人"的幸福源泉。这真爱汇流的心灵之河,将永不枯竭地流向辽阔大海,你会是跃出海面的沉默的鱼。

下次再聊。

姐姐:朱素梅

图1 / 朱锐 摄

我们的视神经可以通过分辨颜色,构建关于世界的结构。

图 2 / 耶罗尼米斯·博斯 /《人间乐园》/ 1490—1510 年

对死亡的恐惧,很大程度上来自一种文化和宗教上的想象。三联画《人间乐园》就展现了荷兰艺术家博斯对于"伊甸园""人间乐园""地狱"的想象。

图 3／卡米耶·毕沙罗／《白霜》／1873 年

画中，一个中年人肩负柴火前行，地上布满霜雪。它可能代表了我中年时很长一段时间的心理状态——享受孤独，享受这种冷静的美。《白霜》并不凄惨，毕沙罗描绘的雪光里，有晨光的颜色。又孤独，又美好。

图4 / 安德鲁·怀斯 /《克里斯蒂娜的世界》/ 1948年

画中人正一动不动地望向家的方向。房屋清晰可见,但它又在构图的角落里,位于地平线上,既远又近。我仿佛看到了自己现在的身体状态——拖着这副身躯在追寻实际上很近的、自己的最终归宿。

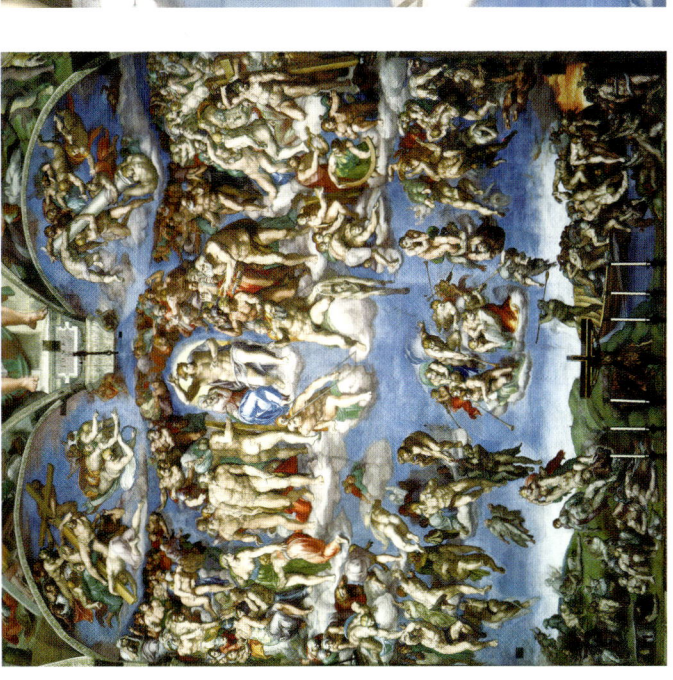

图 5 / 米开朗琪罗·博那罗蒂 /《最后的审判》/ 1534—1541 年

在耶稣的右下方,耶稣十二门徒之一的殉道者巴多罗买变成一张被活剥的人皮,被另一个人用手提着。我觉得自己现在就像一张人皮,挂在我的骨架上,但这种"挂着"倒也给了我自由——我的自由——我的灵魂是完全自由的。

图6／洛维斯·科林特／自画像／1911年

作品现藏于波兰波兹南国家博物馆。这幅作品中的身体像是一种符号,给人以气宇轩昂的、拒人于千里之外的感觉。

图7／洛维斯·科林特／病后自画像／1923年

作品现藏于瑞士伯尔尼美术馆。病后的自画像伴随着符号的退场,向我们呈现出人赤裸裸的脆弱性。

图 8 / 美国航空航天局 /《暗淡蓝点》/ 1990 年

1990 年 2 月 14 日，旅行者 1 号在距离太阳 60 亿千米处拍摄的地球照片。由于太阳光在空间飞船上面反射，地球好像位于一束光线中，图中悬浮在太阳光中的蓝色光点就是地球。

这是家园，这是我们。
你所爱的每一个人，你认识的每一个人，你听说过的每一个人，曾经存在过的每一个人，都在它的上面度过他们的一生。
每一个猎人与采集者，每一个英雄与懦夫，每一个文明的缔造者与毁灭者，每一个国王与农夫，每一对年轻爱侣，每一个母亲和父亲，每一个满怀希望的孩子，每一个发明家和探险家，每一个德高望重的教师，每一个腐败的政客，每一个"超级明星"，每一个"最高领导者"，人类历史上的每一个圣人与罪犯，都生活在这里——一粒悬浮在太阳光中的细小尘埃。

——卡尔·萨根，《暗淡蓝点》

图9 / 朱锐 摄 /《风》/ 2021年

2021年11月,想通过树枝拍风,一只逆风飞行的鸟进来了。

不要站在我墓地上哭泣

玛丽·伊丽莎白·弗莱

不要站在我墓地上哭泣
我不在那,我没有歇息
我是万千逸动的风
是雪片晶莹的流送
我是太阳,驻留在低垂的谷物
是温柔缠绵的秋雨
当你从静谧的早晨醒回
我是小小鸟的振翼急飞
悄悄在空中盘旋
我是夜空里闪亮的星辰微软
不要站在我墓地上哭泣
我不在那,我没有歇息

一

朱锐 译于安宁病房